Die besten Checklisten für Manager

L–Z

Handelsblatt Management Bibliothek
Band 12

Die besten Checklisten für Manager
L–Z

Campus Verlag
Frankfurt/New York

Die Handelsblatt Management Bibliothek ist eine Gemeinschaftsaktion des Campus Verlages und der Verlagsgruppe Handelsblatt.

Bibliografische Information der Deutschen Bibliothek:
Die Deutsche Bibliothek verzeichnet diese Publikation in der Deutschen Nationalbibliografie. Detaillierte bibliografische Daten sind im Internet über http://dnb.ddb.de abrufbar.
ISBN 3-593-37827-2 (Band 12)
ISBN 3-593-37828-0 (Gesamtwerk)

Dieser Text basiert auf dem Kapitel *Management Checklists* des englischsprachigen Werkes *Business. The Ultimate Ressource.*

Aus dem Englischen von Nikolas Bertheau und Dzifa Vode.

Umschlaggestaltung: VHB. GRAVICON
Satz: pagina GmbH, Tübingen (TUSTEP)
Druck und Bindung: Ebner & Spiegel, Ulm
Gedruckt auf säurefreiem und chlorfrei gebleichtem Papier.
Printed in Germany

Besuchen Sie uns im Internet: www.campus.de

Inhalt

Die besten Checklisten für Manager (L–Z)

Lagerwirtschaft

Zusammenfassung

Diese Checkliste behandelt einige der Hauptprinzipien der Lagerwirtschaft – zunehmend auch Lagerbestandsmanagement genannt.
Die Lagerwirtschaft ist an beiden Enden des Lieferspektrums wichtig. Ein zu großer Lagerbestand bindet die liquiden Mittel, gefährdet den Cashflow und stellt im Extremfall das Überleben des Unternehmens in Frage. Ist der Lagerbestand zu niedrig, sind Wohlstand und Wachstum des Unternehmens bedroht, da unter Umständen die Lieferung der Ware an den Kunden nicht erfolgen kann. Die Lagerwirtschaft ist also essentiell, wird jedoch paradoxerweise oft vernachlässigt.
Diese Checkliste ersetzt kein Handbuch der Lagerwirtschaft. Sie kann Ihnen jedoch bei der Verbesserung des unternehmenseigenen Lagerbestandsmanagements als Orientierungshilfe dienen.

Definition

Unter Lagerwirtschaft versteht man die Gesamtsumme aller Richtlinien, Verfahren und Abläufe in einem Unternehmen, die sicherstellt, dass der Lagerbestand die Anforderungen von im Voraus definierten Servicelevels erfüllen kann, ohne zuviel Betriebskapital zu binden.
Geführt werden Lager von Einzel- und Großhändlern (Fertigwaren), Herstellern (Fertigwaren, Halberzeugnisse, Einzelteile und Rohstoffe) sowie Behörden und Institutionen (verschiedene Lager für den Eigengebrauch) – kurz gesagt, von Organisationen und Unternehmen jeder Art.
Für den Zweck dieser Checkliste definieren wir ein strategisches Lager als ein Lager, ohne das der Betrieb nicht funktioniert, es handelt sich also um ein so genanntes unternehmenskritisches Lager. Sein Fehlen würde das Überleben des Betriebes gefährden.
Ein nicht strategisches Lager besteht demnach aus allen grundlegenden Waren, die für die Gesamtfunktion eines Unternehmens unkritisch, also nicht überlebenswichtig sind und leicht beschafft werden können.

Vorteile

Die Einführung einer effektiven Lagerwirtschaft erfordert einen beträchtlichen zeitlichen und personellen Aufwand. Sie bietet dafür auch folgende Vorzüge:

- die Freisetzung von Betriebskapital für die Kernfunktionen des Unternehmens,
- das Erreichen eines Servicelevels, welcher der vereinbarten Unternehmenspolitik entspricht,
- die Minimierung der Kosten, welche mit der Lagerhaltung einhergehen: Finanzierung, Lagerung, Versicherung, Handhabung, Veralterung, geringfügiger Diebstahl.

Aktionsplan

1. Überblick

Zur Wahl stehen die unterschiedlichsten Lagerwirtschaftssysteme – sehr einfache mit Lagerbuch und Karteisystem, aber auch hoch komplexe, computergestützte Konstruktionen.

Es muss ein System eingerichtet werden, das regelmäßige Berichte über den aktuellen Lagerbestand bietet und Zulieferungen sowie Verkäufe, Lieferungen, Leistung und Verwendung festhält. Das System muss nicht pingelig genau jeden einzelnen Lagerposten aufzeichnen. Nutzen Sie Ihren gesunden Menschenverstand: Die Kosten des Systems und seines Betriebs sollten die Kosten der Probleme, die es lösen soll, nicht übersteigen.

Folgende Arbeitsschritte sollten jedoch unabhängig von der Art des verwendeten Lagerwirtschaftssystems möglich sein:

- Berichterstellung über den aktuellen Lagerbestand,
- Berichterstellung über die Lagerzugänge und -abgänge,
- Bestimmung der Nachbestellungsstände und -mengen durch die Analyse der Beschaffungszeiten, Mengenrabatte und Preisstabilität – diese Funktion vermeidet Kosten in Form von höheren Bestellkosten, entgangenen Mengenrabatten und möglicherweise zusätzlichen Umschlagsspesen,
- Aufstellung eines Zeitplans für regelmäßige Prüfungen und Lagerkontrollen.

2. Verwendungsanalyse

In einem weiteren Schritt analysieren Sie die Verwendung aller Posten in Bezug auf folgende Aspekte:

- Volumen,
- Status: strategisch oder nicht strategisch.

Wichtig ist,

- die Schlüsselprodukte zu identifizieren, die auf Nachfrage verfügbar sein und sofort korrekt ausgeliefert werden müssen;
- die Produkte nach ihrer Bedeutung für den Gesamtumsatz zu klassifizieren und nicht in großen Produktfamilien oder anderen weit gefassten Produktgruppen;
- die Verkaufszahlen zu analysieren, um die echten Gewinnbringer zu identifizieren: Oft sind 50 Prozent des Lagerbestands für nur 10 Prozent des Gesamtumsatzes verantwortlich – dieser Hälfte sollten Sie auch entsprechend weniger Aufmerksamkeit schenken;
- sich auf die Posten zu konzentrieren, die den größten Profit bringen;
- nicht allen Lagerposten gleich viel Aufmerksamkeit zu widmen.

Identifizieren Sie den Lagerbestand, der notwendig ist, um alle wichtigen Geschäftsgelegenheiten ergreifen zu können, und der sicherstellt, dass sämtliche grundlegenden Betriebsbedürfnisse erfüllt sind. Zudem sollten Sie den nicht strategischen Lagerbestand ermitteln und diesen durch folgende Maßnahmen verringern:

- Sonderangebote,
- auslaufende Artikel nicht wieder ersetzen,
- Neuverpackung, Abverkauf,
- Verwertung und Erzielung des Schrottwerts.

Im Extremfall bleibt nur die Abschreibung.

Verwenden Sie nicht zu viel Zeit auf die Überwachung von Posten, die nur 5 bis 10 Prozent des Jahresumsatzes erzielen – diese Lagerbestände sollten Sie tunlichst reduzieren. Hier gilt die *80:20-Regel*: Wenn Sie die richtigen 20 Prozent überwachen, haben Sie mehr als 80 Prozent des Gesamtwerts Ihres Lagerbestands unter Kontrolle. Den Lagerbestand willkürlich um einen festen Prozentsatz zu kürzen, führt wahrscheinlich bloß zu verringerter Servicequalität, ohne dass die Bereiche, in die fälschlicherweise investiert wurde, identifiziert werden können.

Anschließend ermitteln Sie die Höchstgrenze für den Lagerbestand – das Maß, ab dem Betriebsmittel unnötig gebunden werden und der Ertrag aus dem investierten Kapital verringert wird.

3. Lagerbereichsplanung

- Platzieren Sie häufig verwendete Posten an einem zugänglichen Ort.
- Schulen Sie Ihre Mitarbeiter in Handhabungsmethoden und der Bedienung von mechanischen Handhabungsgeräten.
- Wählen Sie geeignete Stapelmethoden – zum Beispiel Paletten, Fässer, Tonnen, Regale oder Rohrlager. Es ist wenig sinnvoll, unterschiedliche Waren in derselben Umgebung zu lagern.
- Sofern Sie nicht über ausreichend Platz verfügen, erwägen Sie die Möglichkeit, große oder sperrige Posten bei Zulieferern zu lagern. Achten Sie darauf, dass die Verfügbarkeit dennoch gesichert ist.
- Verwenden Sie ein geeignetes Kennzeichnungssystem für die Ermittlung des Lagerbestands (die Auswahl reicht von einem Strichkodesystem bis zu einfachen handgeschriebenen Etiketten).
- Berücksichtigen Sie die Haltbarkeit der gelagerten Waren und führen Sie ein Lagerumschlagssystem ein.
- Prüfen Sie die Umgebungsbedingungen wie Temperatur und Luftfeuchtigkeit.

4. Mitarbeiteranzahl

Unterschätzen Sie nicht die Anzahl der Mitarbeiter, die für eine erfolgreiche Lagerwirtschaft nötig sind. Sind es zu wenige Mitarbeiter, verliert man leicht die Kontrolle über das Lager, sind es dagegen zu viele, nehmen die Lagerkosten überhand.

5. Lagerhaltungskosten

Berücksichtigen Sie die Kosten für folgende Posten:

- Finanzierung (die Kosten der Mittel beziehungsweise der entgangenen Gelegenheiten für bessere Investitionen),
- Lagerung inklusive Geräte und Personalkosten,
- Schutz vor Feuchtigkeit, Kälte und Beschädigung,
- Versicherung,
- Handhabung,
- Veralterung,
- Verluste durch geringfügigen Diebstahl,
- entgangene Mieteinnahmen für Ihre Lagerräume.

6. Vereinfachungskriterien

Sie können nicht jedes Stück einzeln prüfen – schließlich würden Sie auch von niemandem erwarten, Büroklammern oder Schrauben zu zählen. Solche Artikel können beispielsweise als Verbrauchsgüter klassifiziert werden, die man nicht zählen muss. Andere Artikel lassen sich unter Umständen nach Gewicht zählen.

7. Abstimmung mit anderen Abteilungen

Versuchen Sie, Ihr Lagerwirtschaftssystem mit anderen Abteilungen zu verknüpfen. Ein System, das Hand in Hand mit der Buchhaltung arbeitet, verringert zum Beispiel den Arbeitsaufwand für beide Seiten. Reibungslose Kommunikation mit Einkauf und Vertrieb minimiert das Risiko, dass Mitarbeiter und Räumlichkeiten an einem Tag überlastet und am nächsten unterbeschäftigt beziehungsweise unterbelegt sind.

Empfehlungen und Warnungen

- Machen Sie sich klar, dass gut geführte Unternehmen die Höhe ihres Lagerbestands planen.
- Gewöhnen Sie sich an, Ihren Lagerbestand als bares Geld anzusehen.
- Verknüpfen Sie Ihren Lagerbestand mit bekannten oder prognostizierten Zahlen für Verkäufe und Lieferungen, für Nachfrage und Verwendung.
- Prüfen Sie, ob Sie überschüssigen Lagerbestand führen.
- Legen Sie Bestandsmengen fest, bei denen automatisch nachbestellt wird. Prüfen Sie diese regelmäßig.
- Bestimmen Sie einen Verantwortlichen für die Koordination von Ist-Leistung und voraussichtlicher Leistung des Lagers sowie Einkauf und Lagerwirtschaft.
- Täuschen Sie sich nicht: Auch Ihr Unternehmen leidet an geringfügigem Diebstahl, Verschwendung und anderen Arten des Schwunds.
- Übertreiben Sie die möglichen Folgen nicht, wenn einmal ein Artikel nicht auf Lager sein sollte.
- Nicht jeder Mengenrabatt und jeder Nachlass bei früher Lieferung gerät zu Ihrem Vorteil.
- Lassen Sie die Inventur nicht zu einem jährlich wiederkehrenden Alptraum werden – führen Sie diese lieber regelmäßig in Teilbereichen durch.

- Ein Lagerwirtschaftssystem muss nicht teuer und komplex sein – ein System, das Ihnen ein angemessenes Maß an Kontrolle bietet, kann Sie weniger kosten als Sie dadurch einsparen.
- Nehmen Sie Artikel nicht auf Lager, nur um dadurch die Lagerräume zu füllen.
- Kaufen Sie nicht aus spekulativen Gründen.

Denkanregungen

- Wer kontrolliert den Umfang Ihres Lagerbestands?
- Sie denken sicherlich immer daran, den Safe zu schließen, weil er 200 Euro enthält. Wie viele Gedanken verschwenden Sie an Ihre Lagerräume, in denen sich Waren im Wert von 800 000 Euro befinden?

Literaturhinweise

- Bichler, Klaus/Ralf Krohn: *Beschaffungs- und Lagerwirtschaft. Praxisorientierte Darstellung mit Aufgaben und Lösungen*, 8. Aufl., Wiesbaden 2001.
- Bolten, Ernst F.: *Managing Time and Space in the Modern Warehouse. Practices and Procedures in Warehousing*, New York 1997.
- Jessop, David: *Storage and Supply of Materials*, 6. Aufl., London 1994.
- Krummeich, Kurt: *Material- und Lagerwirtschaft. Ein Leitfaden für die Praxis und die Aus- und Weiterbildung*, Düsseldorf 2000.
- Tersine, Richard J.: *Principles of Inventory and Materials Management*, 4. Aufl., Paramus 1993.

Leistungsbeurteilung

Zusammenfassung

Diese Checkliste beschreibt, wie Sie sich auf eine Leistungsbeurteilung vorbereiten sollten.
Der Schwerpunkt der Leistungsbeurteilung hat sich in den letzten Jahren von der strikten Bewertung hin zu einer Leistungsverbesserung und Mitarbeiterentwicklung verlagert; erreicht werden soll dies in ehrlichen und offenen Diskussionen.
Verbesserung und Entwicklung bedeutet, dass im Mittelpunkt des Beurteilungsprozesses nicht die Persönlichkeit, sondern Resultate und Verhaltensweisen stehen; nicht subjektive Vorbehalte, sondern Themen und Probleme; die konstruktive Entwicklung in Richtung Leistungsverbesserung und Motivation und die persönliche Entwicklung des Beschäftigten.
Die Häufigkeit der Beurteilungen ist individuell; üblich sind Intervalle von drei bis sechs Monaten oder maximal einem Jahr.

Definition

Eine Leistungsbeurteilung ist um einiges komplexer als eine einfache Besprechung. Das wichtigste Instrument ist ein persönliches Gespräch, in welchem die Tätigkeit des Beschäftigten von einer anderen Person nach einem feststehenden Muster diskutiert und beurteilt wird. In der Regel ist es die Aufgabe der Gruppen- oder Abteilungsleiter, Ihre Mitarbeiter zu beurteilen. Außerdem werden die Ziele für das kommende Jahr vereinbart.

Vorteile

Wenn Sie sich in ein Beurteilungsgespräch begeben, sollten Sie

- wissen, was von Ihnen im Rahmen der Beurteilung erwartet wird;
- in der Lage sein, Prioritäten zu diskutieren;
- offen zu Ihrer Leistung stehen;
- wissen, in welcher Beziehung Ihre Tätigkeit zu den Unternehmenszielen steht.

Sie dürfen erwarten,

- Feedback zu Ihrer Leistung zu erhalten;
- angehört und respektiert zu werden;
- konstruktive Hinweise zu erhalten, wie Sie die vereinbarten Ziele erreichen können;
- Hilfe zur Gestaltung persönlicher Entwicklungspläne und -ziele zu erhalten.

Nachteile

Eine Beurteilung kann nur gut verlaufen, wenn Sie

- den Zweck und das Verfahren der Leistungsbewertung kennen;
- mit den Beurteilungsrichtlinien vertraut sind – beispielsweise, wenn Ihre Vergütung davon abhängt. Wie sehen die Beurteilungskriterien aus und wie sind sie anzuwenden?
- sich im Vorfeld gründlich vorbereitet haben;
- entschlossen sind, Probleme offen anzugehen;
- so locker wie möglich sind, selbst wenn Sie die gesteckten Ziele nicht erreicht haben;
- sich eine positive Einstellung bewahren, insbesondere im Hinblick auf Ihre weitere persönliche Entwicklung.

Aktionsplan

1. Ziele und Richtlinien

Wenn bereits ein festes Beurteilungsschema oder -programm existiert, bildet es die Vorlage für die weiteren Schritte. Finden Sie heraus, ob das Beurteilungsschema mit der Vergütung zusammenhängt. Wenn ja, sollten Sie sicherstellen, dass Sie mit der Anwendung der Beurteilungskriterien auf Ihre Tätigkeit vertraut sind.

2. Termin

Im Idealfall sollten Sie mindestens zwei Wochen zur Vorbereitung haben. Willigen Sie nicht in ein früheres Datum ein, nur um es hinter sich zu bringen. Ausreichend Vorbereitungszeit steht Ihnen zu.

3. Vorbereitung

Ihr Vorgesetzter sollte Sie mit Informationsmaterial zum Zweck des

Beurteilungsprozesses und zur Struktur des Gesprächs versorgen. Dadurch ist gewährleistet, dass sich beide Seiten auf dieselben Themen vorbereiten und konzentrieren können. Machen Sie sich Notizen zu jedem Punkt, über den Sie sprechen wollen. Die Beurteilung wird im Großen und Ganzen aus zwei Teilen bestehen – der Rückschau auf Ihre Leistung im abgelaufenen Jahr und die Einigung über neue Ziele für das nächste Jahr.

4. Gesprächsinhalte

Auch wenn Ihr Vorgesetzter das Beurteilungsgespräch leitet, sollten Sie versuchen, selber etwas Wesentliches zur Diskussion beizutragen. Dabei könnten Sie sich auf folgende Schwerpunkte konzentrieren:

- Aufgaben und Projekte, die Ihnen am meisten Befriedigung verschafft haben – und die Gründe hierfür;
- Aufgaben und Projekte, die Ihnen am wenigsten gefallen haben – und die Gründe dafür;
- Ihre Gesamtleistung;
- Bereiche, in denen Sie Spielraum für Verbesserungen sehen;
- die prognostizierten Ergebnisse für das nächste Jahr;
- Ihre kurz- und langfristige persönliche Entwicklung.

5. Feedback

Feedback sollte konstruktiv sein und mit konkreten Beispielen und Ereignissen untermauert werden, welche die Lern- und Entwicklungsmöglichkeiten aufzeigen. Feedback ist sowohl für Sie selbst als auch für Ihren Vorgesetzten von unschätzbarem Wert.

6. Problembehandlung

Nutzen Sie den Beurteilungsprozess, um auf Themen und Probleme zu sprechen zu kommen, die möglicherweise Ihre Leistung beeinträchtigen. So könnte beispielsweise ein fehlerhaftes Gerät Ihre Tätigkeit erschweren, oder Sie haben das Gefühl, dass Sie mehr Hilfe bräuchten. Ein offenes Gespräch ist in jedem Fall der beste Weg, um zu einer Lösung zu kommen. Sehen Sie zu, dass Sie für jedes Problem selbst einen Lösungsvorschlag machen. Auch wenn dieser nicht übernommen wird, demonstrieren Sie auf diese Weise, dass sie stets mitdenken, wenn es um Ihren Job geht.

7. Prioritäten

Sie und Ihr Vorgesetzter sind möglicherweise unterschiedlicher Meinung, was die Schwerpunkte Ihrer Tätigkeit angeht. Dafür kann es gute Gründe geben, zum Beispiel: Er versucht, die Resultate der Abteilung mit den Zielen des Gesamtunternehmens in Einklang zu bringen, und das deckt sich nicht unbedingt mit Ihren Prioritäten. Ein Gespräch sollte helfen, diese Fragen zu klären und eine gemeinsame Prioritätenliste zu erstellen.

8. Beziehungen zu anderen Abteilungen

Abgesehen von fehlerhaften Geräten, Systemen und schwierigen Beziehungen können es auch andere Abteilungen sein, die Schwierigkeiten bereiten. Wenn andere Abteilungen regelmäßig Probleme im betrieblichen Ablauf und im Verhältnis zu den Kunden verursachen, sollten Sie vorschlagen, verlässliche Servicestandards mit ihnen zu vereinbaren. Nennen Sie Beispiele dafür, wie diese Abteilungen Ihre Arbeit beeinträchtigen.

9. Zielvorschläge

Gehen Sie nicht mit der Vorstellung in das Beurteilungsgespräch, Ihr Boss hätte Ihre Ziele für das nächste Jahr sowieso schon längst festgelegt. Erarbeiten Sie Ihre eigenen Vorschläge, Ihre eigene Taktik und Ihre eigenen Ziele und denken Sie daran, dass Sie gegenüber Ihrem Boss einen Vorteil haben, den er Ihnen nicht nehmen kann: Sie sind derjenige, der die Arbeit macht.

10. Zielvereinbarung

Die Bestimmung der Ziele sollte kein einseitiger Prozess sein. Im schlechtesten Fall schlagen Sie vor, die Zahlen vom Vorjahr automatisch zu erhöhen, ohne sich um veränderte Ressourcen und Märkte Gedanken zu machen. Im besten Fall können Sie aber auch die für Veränderungen im geschäftlichen Umfeld verantwortlichen Faktoren neu bestimmen. Zögern Sie nicht, alles durch eine neue Brille zu betrachten: Möglicherweise sind ganz andere Ziele gefragt. Was nützt es, ins Schwarze zu treffen, solange Sie auf die falsche Zielscheibe anlegen?

11. Fortbildung und Entwicklung

Besprechen Sie nicht nur konkrete Probleme und Sorgen, sondern bringen Sie auch langfristige Entwicklungsaspekte zur Sprache, die noch nicht behandelt wurden oder mit allgemeinen Fortbildungsprogrammen zu tun haben. Denken Sie in aller Ruhe über ein flexibles Entwicklungsprogramm nach, von dem sowohl Sie als auch Ihr Arbeitgeber profitieren können.

12. Persönliche Entwicklungsanforderungen

Ihr Vorgesetzter wird Ihnen helfen, Ihren Fortbildungsbedarf zu ermitteln, der Ihnen möglicherweise nicht in allen Bereichen bewusst ist. Nutzen Sie die Gelegenheit, um eine Bestandsaufnahme Ihrer Kompetenzen und Fähigkeiten zu machen, sowohl im fachlichen Bereich als auch hinsichtlich allgemeiner Managementfähigkeiten.

13. Benötigte Unterstützung

Sobald Einigkeit über die Ziele besteht, sollten Sie klären, ob Sie weitere Hilfe benötigen, um diese Ziele zu erreichen. Dabei kann es sich um Fortbildung, um zusätzliche Ressourcen oder auch um Bedenkzeit handeln.

14. Beurteilung

Wenn der Beurteilungsprozess vorrangig der Bewertung dient und auf den in dieser Checkliste dargestellten Diskussionsschwerpunkt verzichtet, sollten Sie genau wissen, was Sie zu dem Prozess beitragen können, und inwieweit Sie mit dieser Bewertung einverstanden sind.

15. Fazit

Es ist gute Praxis, dass der Beurteilende den Beschäftigten am Ende des Prozesses bittet, die während der Diskussion vereinbarten Aktionsschritte und Pläne zusammenzufassen. Ihnen wird es obliegen, die beschlossenen Aufgaben und Aktivitäten umzusetzen; deshalb ist es wichtig, dass diese in einer für Sie vollkommen verständlichen Weise formuliert werden. Notieren Sie die vereinbarten Schritte und Ziele und lassen Sie diese von Ihrem Vorgesetzten abzeichnen, damit Sie sich in Zukunft darauf beziehen können.

Empfehlungen und Warnungen

- Betrachten Sie die Beurteilung als Chance und nicht als Bedrohung.
- Achten Sie bei der Absprache des Gesprächstermins darauf, dass Ihnen ausreichend Zeit für die Vorbereitung bleibt.
- Bringen Sie einige Entwicklungsvorschläge in das Gespräch mit ein.
- Verbringen Sie nicht das ganze Gespräch damit, sich Notizen zu machen – beschränken Sie sich auf Ergebnisse und Aktionsschritte.
- Äußern Sie Ihre Kritik an Kollegen und anderen Abteilungen mit Zurückhaltung.
- Werden Sie nicht persönlich.
- Weichen Sie schwierigen Aspekten nicht aus.
- Zögern Sie nicht, Schlussfolgerungen und Entscheidungen, die Sie als unfair empfinden, zu hinterfragen.

Denkanregungen

- Sind Sie mit Ihrer eigenen Leistung zufrieden?
- Wenn Sie die gesetzten Ziele nicht erreicht haben: Wo liegt das Problem?
- Als Sie das letzte Mal beurteilt wurden: Was ist gut verlaufen? Wo gab es Probleme?
- Sind Sie mit den Zielen und der Struktur des Leistungsbeurteilungsschemas vertraut?
- Wenn Sie bereits Mitarbeiter beurteilt haben, was haben Sie daraus gelernt?

Literaturhinweise

- Fisher, Martin: *Performance Appraisals*, London 1985.
- Fletcher, Clive: *Appraisal. Routes to Improve Performance*, 2. Aufl., London 1997.
- Gillen, Terry: *Appraisal Discussion*, London 1998.
- Kamp, Di: *Successful Appraisals in a Week*, London 1998.
- Lattmann, Charles: *Die Leistungsbeurteilung als Führungsmittel*, Heidelberg 1994.

Leistungsbewertung

Zusammenfassung

Diese Checkliste wurde für Führungskräfte entworfen, die für die Durchführung von Leistungsbewertungen verantwortlich sind.

Definition

Der Schwerpunkt bei Leistungsbewertungen hat sich in den letzten Jahren von einem strengen Gutachten zu einem gut vorbereiteten, ehrlichen und offenen Gespräch verlagert. Es wird geführt, um die Leistung und Entwicklung des Mitarbeiters zu fördern. Auch diese Checkliste verfolgt diesen Ansatz der Personalentwicklung:
In einem persönlichen Gespräch wird die Arbeit des Mitarbeiters anhand eines, im Voraus vereinbarten und leicht nachvollziehbaren Bezugsrahmens von einem anderen Mitarbeiter erörtert, geprüft und bewertet. Obwohl sich Mitarbeiter gleicher Hierarchieebene gegenseitig beurteilen können (und die »aufwärtsgerichtete« Bewertung, bei der ein Mitarbeiter eine ihm übergeordnete Person bewertet, zunehmend als eine entwicklungsfördernde Methode akzeptiert wird), werden die Beurteilungen der Mitarbeiter im Allgemeinen von deren Vorgesetzten durchgeführt. Dieser Ansatz bildet auch die Grundlage für diese Checkliste.
Der Fokus der Bewertung richtet sich auf das Verhalten des Mitarbeiters und dessen Konsequenzen, nicht auf seine Persönlichkeit, auf Sachfragen und Probleme und nicht auf subjektive Beschwerden. Es gilt, die Motivation, Entwicklung und Leistung des Mitarbeiters durch einen konstruktiven Prozess zu verbessern. Eine Leistungsbewertung findet in der Regel alle sechs bis zwölf Monate statt.

Vorteile

Beurteilte Mitarbeiter

- gewinnen eine klare Vorstellung von den an sie gestellten Anforderungen;

- können sich mit ihrem Vorgesetzten über Prioritäten verständigen;
- können das Gespräch als Plattform nutzen, um bei Überlastung Unklarheiten zu beseitigen;
- erhalten eine Rückmeldung zu ihrer Leistung;
- werden gehört und respektiert;
- erhalten eine konstruktive Anleitung für das Erreichen gemeinsam vereinbarter Ziele;
- werden bei der Erstellung von persönlichen Entwicklungsplänen und -zielen unterstützt;
- übernehmen Verantwortung für ihre eigene Leistung.

Manager, die Leistungsbewertungen durchführen,

- gewinnen aus erster Hand einen Einblick in die Arbeit des Mitarbeiters;
- lernen, das Potenzial und die Bedürfnisse des Mitarbeiters besser zu verstehen;
- können den Mitarbeiter motivieren;
- entwickeln eine kohärente Arbeitsweise bei Führung und Förderung ihrer Mitarbeiter;
- können Probleme effektiver anpacken;
- verbessern den Kommunikationsprozess.

Voraussetzungen für eine erfolgreiche Bewertung sind

- eine sorgfältige Vorbereitung von Bewertendem und Mitarbeiter;
- der Bewertende sollte über die Fähigkeit und das Taktgefühl verfügen, den Mitarbeiter nicht zu beleidigen und die Bewertung nicht zu einem persönlichen Angriff werden zu lassen;
- der Bewertende sollte dem Mitarbeiter glaubhaft vermitteln können, dass Zweifel, Sorgen und Ängste unberechtigt sind;
- es sollte für die Beteiligten klar sein, dass die Leistungsbewertung nicht an das Gehalt gekoppelt ist (solange das nicht der Fall ist).

Aktionsplan

1. Vorbereitung des Beurteilenden

Der Löwenanteil der anspruchsvollen Aufgabe der Leistungsbeurteilung besteht in der sorgfältigen Vorbereitung des eigentlichen Treffens. Wenn es bereits Richtlinien oder ein entsprechendes Programm gibt, können diese den Rahmen für die Durchführung bieten. Anderenfalls kann folgende Themenstruktur den Ausgangspunkt für das Gespräch bilden.

- Zielvorhaben der vergangenen zwölf Monate – Umfang der Realisierung und gemachte Forschritte;
- Weiterbestehende und ungelöste Probleme während dieser Zeitspanne;
- Einschätzung der fachlichen Entwicklung in diesem Zeitraum;
- Ziele für die nächsten zwölf Monate;
- Benötigte Unterstützung für die Verwirklichung dieser Ziele;
- Ziele der persönlichen Entwicklung, die möglicherweise von den vorher genannten abweichen oder Grundlage zu ihrer Erreichung sind;
- Erwartete bedeutsame Ereignisse oder Bedenken in den nächsten zwölf Monaten.

Sammeln Sie Ideen, Informationen und Belege und integrieren Sie diese in die geplante Gesprächsstruktur.

2. Vorbereitung des Mitarbeiters

Unterrichten Sie den Mitarbeiter in einem Vorgespräch über Zweck und Ablauf der Bewertung.

- Informieren Sie den Mitarbeiter über alle Aufgaben, die vorbereitet werden müssen, zum Beispiel die Bestimmung persönlicher Stärken und Ziele sowie Schwächen und Fehler im vergangenen Jahr.
- Fordern Sie den Arbeitnehmer auf, eine persönliche Einschätzung darüber vorzubereiten, wie gut die Zielvorhaben des letzten Jahres erreicht wurden und welche für das kommende Jahr aufgegriffen werden sollten.
- Bringen Sie den Arbeitnehmer dazu, den Nutzen und die praktische Anwendbarkeit von Weiterbildungsmaßnahmen einzuschätzen, die im vorherigen Jahr stattgefunden haben.
- Erklären Sie, dass jetzt die Möglichkeit gegeben ist, Probleme zu beheben und gemeinsam Richtlinien und Methoden für das nächste Jahr auszuarbeiten.
- Vermitteln Sie unbedingt, dass diese Bewertung nicht an das Gehalt oder eine Beförderung geknüpft ist (es sei denn, dies ist der Fall).
- Präsentieren Sie bereits zu diesem Zeitpunkt Formulare für die Dokumentation des Gesprächsinhalts.
- Stimmen Sie Zeit und Ort für das Gespräch ab.

Wenn Sie nicht genug über den bevorzugten Lernstil und die Vorgehensweise des Mitarbeiters wissen, sollten Sie das jetzt nachholen.

3. Gesprächsumgebung

Das Gespräch sollte in einer ungezwungenen und freundlichen, vertrauten und störungsfreien, bequemen und nicht beklemmenden Umgebung stattfinden. Vermeiden Sie möglichst, den Mitarbeiter direkt vor Ihren Schreibtisch zu platzieren; am besten nutzen Sie Sitzgelegenheiten ohne Schranke zwischen Ihnen und Ihrem Gesprächspartner.

4. Gesprächsansatz

Es ist wichtig, dass Sie sich umgänglich und dialogbereit zeigen. Erörtern Sie konkrete Tätigkeiten und Sachfragen, wobei der Schwerpunkt auf Verbesserungsmöglichkeiten liegen sollte. Formulieren Sie offene Fragen, hören Sie aufmerksam zu, beziehen Sie sich auf Gesagtes und antworten Sie in angemessener Weise. So steuern Sie das Gespräch, ohne dass dies zu offensichtlich ist oder sich der Mitarbeiter dominiert fühlt.

5. Gesprächsbeginn

Am Anfang des Gesprächs ist es wichtig, dass sich der Mitarbeiter entspannt. Dafür gibt es kein Erfolgsrezept. Das richtige Maß an Höflichkeit und Formalität oder auch der Bedarf an entspannender Plauderei hängen entscheidend davon ab, wie gut sich die Gesprächspartner bereits kennen und wie eng sie bisher zusammengearbeitet haben.

- Stellen Sie erneut Zweck und Ablauf des Treffens dar.
- Betonen Sie, dass der Zweck des Gesprächs darin liegt, den Mitarbeiter bei seiner Entwicklung und der Verbesserung seiner Leistung zu unterstützen.
- Weisen Sie erneut auf den Zweck der Dokumentation hin – sie bewahrt das Vereinbarte besser als das Gedächtnis, sie beweist, dass das Treffen stattgefunden hat und bildet die Ausgangsbasis, um später die Fortschritte festzustellen.

6. Gesprächsentwicklung

Theoretisch – und unter der Voraussetzung, dass das Gespräch von beiden Seiten sorgfältig vorbereitet wurde – kann die Leistungsbewertung entlang der ausgearbeiteten Struktur geführt werden. Nicht immer wird dies auch in der Praxis realisiert. Der Bewertende sollte

- die Selbsteinschätzung des Mitarbeiters fördern und bei der Diagnose der Probleme helfen – diese jedoch nicht leiten;
- das Selbstbewusstsein des Mitarbeiters fördern und aufbauen, wenn es angemessen erscheint;
- Hilfe und Vorschläge anbieten, den Mitarbeiter aber selbstständig Lösungen ausarbeiten lassen;
- die Arbeitsleistung und nicht die Persönlichkeit bewerten;
- aktuelle Beispiele erörtern und sich nicht in Verallgemeinerungen verlieren;
- das Gespräch an kritischen Punkten, aber auch bei einer erzielten Einigung zusammenfassen;
- das Gespräch auf Ziele und Pläne lenken und diese klären.

7. Umgang mit Schwierigkeiten

Fordern Sie den Mitarbeiter auf, aufgetretene Schwierigkeiten selbst darzustellen, anstatt durch gezielte Fragen die mangelnde Leistung anzuprangern. Fragen Sie nicht nur wo, wie und wann der Mitarbeiter möglicherweise Verbesserungen anstrebt, sondern auch, welche Mittel diesen Prozess erleichtern könnten. Bereiten Sie sich darauf vor, dass Sie selbst, als der bewertende Vorgesetzte, die Ursache von Problemen sein könnten oder dass von Ihnen mehr zur Lösungsfindung erwartet wird. Falls sich das Gespräch unangenehm entwickelt und es Anlass zu Uneinigkeiten und Ärger gibt, verhalten Sie sich ruhig aber bestimmt. Vermeiden Sie Streit, aber hören Sie aufmerksam zu und trennen Sie Sachfragen von Gefühlen. Achten Sie darauf, sich auf die Aktivitäten des Mitarbeiters zu konzentrieren, nicht auf den Mitarbeiter persönlich.

8. Verbesserungen

Versuchen Sie die Bereiche, die dringend verbesserungswürdig sind, von solchen abzugrenzen, die sich bereits zum Besseren entwickeln. Besprechen Sie die erwarteten Resultate von Weiterbildungsmaßnahmen, und ermutigen Sie den Mitarbeiter, aktiv daran mitzuarbeiten. Falls diese Ermutigungen keine Erfolge zeitigen, sollten Sie es zunächst mit Lenken und Führen und schließlich mit klaren und deutlichen

Instruktionen versuchen. Denken Sie daran, dass es eine Vielzahl von Weiterbildungsmaßnahmen gibt, und das übliche Zwei-Tage-Seminar unter Umständen nicht die am besten geeignete Lernform für diesen Mitarbeiter ist – ganz abgesehen von den Kosten.

9. Leistungseinstufung

In einigen Bewertungsansätzen werden Leistungsratings vorgenommen. Diese unterscheiden sich stark in Struktur und Umfang – manche sind sehr hilfreich, andere auch destruktiv, das hängt jeweils von der Durchführung und dem allgemeinen Verständnis eines solchen Leistungsratings ab. Falls dieses Instrument verwendet wird, sollten folgende Anforderungen erfüllt sein:

- Fairness – die Leistung muss sich auf die gesetzten Erwartungen und nicht auf die Arbeit anderer beziehen;
- Ehrlichkeit – die Ansicht des Mitarbeiters muss respektiert werden;
- Flexibilität – die Bewertung muss das Niveau und das Ausmaß der Leistung beim Erreichen der Ziele wiederspiegeln;
- Einheitlichkeit – in verschiedenen Bereichen des Unternehmens muss die gleiche Messlatte angelegt werden.

10. Gesprächsabschluss

Vergewissern Sie sich, dass der bewertete Mitarbeiter die Ziele und die dazu erforderlichen Mittel verstanden hat und auch motiviert ist, diese zu erreichen. Zudem sollten Termine festgelegt werden, die als Meilensteine und zur Überprüfung dienen. Klären Sie ebenfalls, welche Aktivitäten von wem übernommen werden. Machen Sie einen weiteren Termin aus, und bitten Sie den Mitarbeiter, die besprochenen Zielvorhaben und Pläne schriftlich festzuhalten – vorzugsweise in einem der Gesprächsstruktur entsprechenden Formular –, sodass Sie dies beide unterzeichnen können. Beenden Sie das Gespräch mit einer positiven Bemerkung.

Empfehlungen und Warnungen

- Denken sie daran: Eine Bewertung ist ein Dialog, ein Gespräch.
- Animieren Sie den Mitarbeiter zu eigenen Kommentaren, Sichtweisen und Ideen.
- Bringen Sie den Mitarbeiter dazu, seine eigene Leistung zu bewerten.

- Betonen Sie gute Leistung und begründen Sie Ihre Beurteilung.
- Nutzen Sie schriftliche Unterlagen, um die Ergebnisse zu lenken, zu leiten und aufzuzeichnen.
- Einigen Sie sich mit dem Mitarbeiter auf den Verbesserungsbedarf seiner Leistung, bevor Sie weitere Handlungen planen.
- Seien Sie sich über Ihren Sprachgebrauch und die Möglichkeit der Fehlinterpretation bewusst.
- Bedenken Sie, dass Veränderungen und Herausforderungen beängstigend sein können.
- Kritisieren Sie nicht die Persönlichkeit des Mitarbeiters und versuchen Sie auch nicht, diese zu verändern.
- Achten Sie darauf, kritische Momente nicht einfach zu übergehen.
- Verfallen Sie nicht in ellenlange Monologe.
- Verwenden Sie keine geschlossenen oder rhetorischen Fragen.
- Scheuen Sie sich nicht, professionelle Hilfe oder Beratung zu suchen.

Denkanregungen

- Können Sie sich an besonders gute oder schlechte Eigenschaften Ihrer früheren Vorgesetzten erinnern?
- Sind Sie ein guter Zuhörer – können Sie die wichtigen Eckpunkte erfassen, ohne sich ständig Notizen machen zu müssen?
- Sind Sie mit Ihren eigenen Führungsfähigkeiten zufrieden?
- Wann wurden Sie das letzte Mal bewertet? Was verlief gut? Was verlief schlecht?
- Haben Sie klare Vorstellungen von den Zielen Ihrer Mitarbeiter und der Unterstützung, die diese bei der Realisierung möglicherweise benötigen?

Literaturhinweise

- Fletcher, Clive: *Appraisal. Routes to Improved Performance*, 2. Aufl., London 1997.
- Hornstein, Elisabeth von/Lutz von Rosenstiel: *Ziele vereinbaren – Leistungen bewerten. 360 Grad Beurteilung, Feedback-Führerschein, Personalentwicklung*, München 2000.
- Kamp, Di: *Successful Appraisals in a Week*, London 1998.
- Lattmann, Charles: *Die Leistungsbeurteilung als Führungsmittel*, Heidelberg 1994.
- Sender, Ursula: *Führen mit Lob und Kritik*, Berlin/München 1993.

Marketingplan

Zusammenfassung

Diese Checkliste beschäftigt sich mit dem Standardmodell der Marketingplanung, wie es in den letzten Jahren von vielen Autoren propagiert wurde. Das Modell enthält formalisierte Verfahrensweisen, wenngleich der Grad, in dem diese befolgt werden, natürlich von Ihrer Unternehmenskultur und Ihren Erfordernissen abhängt.
Die Disziplin der Marketingplanung ist heftig umstritten. Je nach Standpunkt wird in Fachkreisen entweder das Standardmodell unterstützt oder aber es werden alternative Versionen vorgeschlagen. Malcolm McDonald, einer der wichtigsten Autoren auf dem Gebiet, gesteht ein, dass »die Marketingplanung unter allen Managementproblemen nach wie vor das rätselhafteste ist«.

Definition

Marketingplanung ist nichts anderes als eine logische Abfolge von Aktivitäten, die darauf abzielen, Marketingziele zu setzen und Pläne zu formulieren, wie diese erreicht werden können.

(Malcolm H. B. McDonald, *Ten Barriers to Marketing Planning*, 1989)

Vorteile

- Marketingpläne fördern die rationale Entscheidungsfindung.
- Alle verfolgen dieselbe Strategie, dadurch werden potenzielle Konflikte, Missverständnisse und betriebliche Schwierigkeiten gemindert.
- Marketingpläne bieten der Unternehmensspitze die Möglichkeit, Marketingstrategien zu entwerfen und die detaillierte Implementierung den unteren Managementebenen zu überlassen.
- Marketingpläne rücken Bereiche in den Vordergrund, die Sie andernfalls übersehen könnten.

Nachteile

- Die Marketingplanung bildet einen komplexen Prozess, der grundlegende Kenntnisse und Planungsgeschick erfordert.
- Marketingpläne sind zeitintensiv und deshalb kostspielig in der Aufstellung und Befolgung.
- Unternehmen, die aus vielen kleinen Geschäftseinheiten bestehen, büßen einen Teil ihrer Flexibilität ein.
- Verfahrensregeln können sich verselbstständigen und zum Selbstzweck werden.

Aktionsplan

1. Strategische Ziele

Während die strategischen Ziele früher einfach von der Unternehmensspitze festgelegt wurden, geht die heutige Praxis dahin, demokratischere Prozesse einzuführen, welche die wichtigsten Parteien, wenn nicht gar die gesamte Belegschaft einbeziehen. Nur noch im Ausnahmefall ist der Marketingplaner allein dafür zuständig. Diese Ziele müssen stets beachtet und Strategien und Aktionspläne eng darauf abgestimmt werden. Der Marketingprozess kann ohne sie nicht vorankommen. Die schriftliche Ausarbeitung des Plans sollte die strategischen Ziele und die Vision des Unternehmens enthalten.

2. Marketing-Audit

Ein Marketing-Audit ermöglicht es einem Unternehmen, das Umfeld, in dem es tätig ist, zu analysieren und zu verstehen. Es ist der Schlüssel zur SWOT-Analyse, der nächsten Stufe im Marketingplanungsprozess. Es wird in zwei Teilen durchgeführt: einem externen und einem internen Audit.

Das externe Audit sollte das geschäftliche und wirtschaftliche Umfeld, den Markt und die Konkurrenz abdecken. Untersuchen Sie wichtige Trends, die den Markt und die Branche in der Vergangenheit beeinflusst haben und zukünftig beeinflussen werden; stellen Sie Fragen zu Ihren jetzigen und zukünftigen Wettbewerbern und Kunden.

Das interne Audit sollte sich auf das eigene Unternehmen des Planers konzentrieren und dabei dessen Betriebseffizienz und Serviceeffektivität, seine wichtigsten Fähigkeiten, Kompetenzen und Ressourcen, seine Produkte oder Dienstleistungen sowie sein Kerngeschäft zum Gegenstand haben.

3. SWOT-Analyse

Die SWOT-Analyse listet die Ergebnisse des Audits unter den Überschriften »Stärken«, »Schwächen«, »Chancen« und »Risiken« auf und sollte in die schriftliche Fassung des Marketingplans eingehen. Stärken und Schwächen betreffen das Unternehmen und sein internes Umfeld. Chancen und Risken sind externe Faktoren, über die das Unternehmen zwar keine Kontrolle hat, die es aber voraussehen, auswerten und nach Möglichkeit nutzen muss. Beschränken Sie sich auf die wichtigsten Daten.

4. Prognosen

Formulieren Sie Ihre Prognosen. Diese bilden die strategischen Vorgaben für den Marketingplan. Sie können ökonomische, technologische oder wettbewerbsrelevante Faktoren betreffen. Die Prognosen sollten auf exakten Informationen und vernünftigen Schätzungen dessen beruhen, was nach Maßgabe der bisherigen Performance erreichbar erscheint. Die Gewinnung verlässlicher Daten kann sich als ein Problem erweisen, weil ständige Veränderungen die Aussagekraft der Vergangenheit für die zukünftige Entwicklung beeinträchtigen. Realistische Prognosen und Möglichkeitseinschätzungen erfordern kreatives und vorwärts gewandtes Denken. Nur die wichtigsten Prognosen sollten in den schriftlichen Plan aufgenommen werden.

5. Marketingziele

Die Bestimmung der Marketingziele ist der zentrale Schritt im Marketingplanungsprozess. Die Ziele (was Sie tun wollen) sind nicht mit den Strategien (wie Sie es tun wollen) zu verwechseln. Die Marketingziele geben vor, welche Produkte in welchen Märkten abgesetzt werden sollen. Die Festlegung realistischer und erreichbarer Ziele stützt sich auf die Analyse des Marketing-Audits; die Ziele wiederum bieten die Grundlage für Strategieentscheidungen. Die Ziele sollten im schriftlichen Plan enthalten sein.

6. Ergebnisschätzung

Marketingziele sollten SMART sein: spezifisch, messbar, akzeptabel, realistisch und terminorientiert. Beispiele: »Es soll ein Anteil von sechs Prozent am Gesamtmarkt erreicht werden« oder: »Der Kundenstamm soll bis zum Ende des Jahres auf 600 angehoben werden«. Nichtspezifische Ausdrücke wie »erhöhen« oder »maximieren« sollten nicht verwendet werden, es sei denn, sie lassen sich quantifizieren.

7. Marketingstrategien

Marketingstrategien beschreiben die Methoden, mit denen die Marketingziele innerhalb einer festgelegten Zeit erreicht werden sollen. In ihrem Zusammenhang spricht man häufig von Marketingmix oder den vier »Ps«: Produkt – welchen Nutzen es dem Kunden bringt; Preis – welche Höhe für die Zielkunden attraktiv ist; Ort (place) – wo diese Kunden zu finden sind; und Werbung (promotion) – wie sie erreicht werden können. Diese vier »Ps« sollten im schriftlichen Plan dargelegt werden.

8. Programme

Die allgemeinen Strategien müssen entwickelt und um eigene Programme und Aktionspläne ergänzt werden. Die Zusammensetzung dieser Pläne und ihre relative Gewichtung hängt vom Unternehmen ab. Ein großes Unternehmen mit mehreren Funktionen oder Abteilungen hat möglicherweise verschiedene Pläne für Werbung, Verkaufsförderung, Preisgestaltung und so weiter. Andere Unternehmen begnügen sich mit nur einem Plan, wie beispielsweise einem Produktplan, der die vier »Ps« spezifiziert. Die Details der Programme sollten Teil des schriftlichen Plans sein.

9. Bekanntgabe

Jeder sollte den Marketingplan kennen und verstehen. Alle Beschäftigten sollten nach Möglichkeit eine Einführung in Form einer Präsentation erhalten, anstatt nur eine Kopie in die Hand gedrückt zu bekommen. Solange der Plan nicht wirklich allen bekannt ist, besteht die Gefahr, dass er ungenügend umgesetzt wird und am Ende scheitert.

10. Messung und Beobachtung

Beobachten Sie die Entwicklung des Plans. Stellen Sie sicher, dass Sie aussagekräftige Indikatoren messen. Wenn sich die Umstände ändern, sollten Sie den Plan überprüfen, um gegebenenfalls zu spezifizieren, wie Sie neue Chancen nutzen oder neuen Risiken begegnen wollen. Wiederholen Sie dazu die Schritte 4 bis 9.

Empfehlungen und Warnungen

- Formulieren Sie die strategischen Ziele des Unternehmens unmissverständlich.
- Analysieren Sie die verfügbaren Informationen sorgfältig.
- Passen Sie den Plan an die Größe, Kultur und Situation des Unternehmens an.
- Beraten Sie sich mit anderen und machen Sie den Plan bekannt.
- Bedenken Sie, dass der Plan nur ein Mittel ist, um bestimmte Ziele zu erreichen, und nicht ein rigides Kontrollinstrument.
- Seien Sie darauf gefasst, dass die Planung viel Zeit in Anspruch nimmt.
- Verwechseln Sie nicht Ziele (was Sie erreichen wollen) mit Strategien (wie Sie es erreichen wollen).
- Berücksichtigen Sie die beschränkte Aussagekraft vergangenheitsbezogener Daten für die zukünftige Marktentwicklung.
- Lassen Sie nicht zu, dass die Marketingplaner die Ziele verändern.

Denkanregungen

- Ist Ihr Marketing unsystematisch, opportunistisch, willkürlich oder zu kurzfristig angelegt?
- Haben Sie in der Vergangenheit messbare Marktziele festgelegt?
- Sind Ihre Marketingziele und -methoden im ganzen Unternehmen bekannt und koordiniert?
- Wissen Sie wirklich, was Ihre Kunden über Sie denken?
- Ist Ihr Markt stabil und Ihre Marktposition gesichert?

Literaturhinweise

- Cousins, Laura: »Marketing Plans or Marketing Planning?«, in: *Business Strategy Review* 2:2 (Sommer 1991), S. 35–54.

- Gerson, Richard: *Der Marketingplan. Stufenweise Entwicklung. Umsetzung in die Praxis, Checklists und Formulare*, Wien 1992.
- Griffin, Tom: »Marketing Planning: Observations on Current Practices and Recent Studies«, in: *European Journal of Marketing* 23:12 (1989), S. 21–35.
- Jay, Ros: *Perfekte Marketingpläne in 7 Tagen. Stärken und Schwächen erkennen, die richtige Strategie entwickeln, den Marketingplan erstellen und umsetzen*, Landsberg/Lech 1998.
- Makens, James C.: *The 12 Day Marketing Plan. Construct a Marketing Programme That Really Works in Less Than Two Weeks*, Wellingborough 1989.
- McDonald, Malcolm H. B.: »Ten Barriers to Marketing Planning«, in: *Journal of Marketing Management* 5:1 (Sommer 1989), S. 1–18.
- McDonald, Malcom H. B.: *Der Marketingplan. Die Grundlage für Ihren Erfolg*, 2. Aufl., Wien 1991.
- Westwood, John: *30 Minuten für den erfolgreichen Marketingplan*, Offenbach 1998.

Marktforschung

Zusammenfassung

Diese Checkliste erläutert die grundlegenden Schritte der Marktforschung.

Marktforschung wird seit den 1980er-Jahren zunehmend angewendet; das ist teilweise auf die Einführung des Qualitätsmanagements zurückzuführen, das viele Unternehmen von Grund auf verändert hat. Die Überzeugung, dass Unternehmen Kundennähe herstellen müssen, bildet das Herzstück des Qualitätsmanagements. Um diese Kundennähe zu erreichen, müssen Unternehmen sehr genau auf das hören, was ihre Kunden wirklich wollen – Marktforschung ist eines der wichtigsten Mittel, um dies herauszufinden.

Definition

Marktforschung und Marketingforschung werden in dieser Checkliste synonym verwendet. Diese Begriffe definieren einen Prozess der Datenerhebung und Datenanalyse mit dem Ziel, Informationen über den Verkauf von Produkten oder Dienstleistungen und deren Zielgruppen zu ermitteln.

Außerdem liefert die Forschung tiefer gehende Informationen über:

- Marktgröße und wichtige Marktbereiche,
- Marktanteile von Marken,
- potenzielle Zielgruppen,
- Kundenbedürfnisse, die bisher noch nicht artikuliert wurden,
- Konkurrenzunternehmen,
- quantitative Daten des tatsächlichen und potenziellen Marktes.

Marktforschung kann eine Fülle an Informationen liefern; man setzt sie jedoch vor allem zu dem Zweck ein, die Zielgruppen oder Marktnischen für den Verkauf der eigenen Produkte herauszufinden. Darüber hinaus werden dabei wünschenswerte Verbesserungen, Ersatzprodukte oder verwandte Produkte ermittelt.

Methoden für die Durchführung einer Marktforschung sind Telefonumfragen, Fragebögen, Interviews auf offener Staße, Haustürbefragungen und Gruppendiskussionen.

Vorteile

Effektive Marktforschung

- konzentriert vorhandene Energien auf die wirklichen Bedürfnisse des Kunden;
- verhindert die Verschwendung finanzieller Mittel für die Entwicklung von Produkten, die vom Kunden gar nicht nachgefragt werden;
- entwickelt eine echte Kundenorientierung und bewahrt den Kontakt zum Kunden – die durch Marktforschung ermittelten Daten sind entscheidend für die Entwicklung einer Unternehmensstrategie;
- liefert zum gewählten Zeitpunkt eine Momentaufnahme der Empfindungen und Gedanken von Kunden und potenziellen Kunden.

Nachteile

- Wenn Sie nicht konkret festlegen, was Sie herausfinden möchten, können die erzielten Ergebnisse nutzlos sein.

- Die erhobenen Daten sind nur so gut wie die Forschung – es muss sich nicht zwangsläufig um verlässliche und fehlerfreie Informationen handeln.
- Marktforschung kann zeitaufwändig und teuer sein.

Aktionsplan

1. Zweck

Wofür wollen Sie die Ergebnisse verwenden?

- Um Leistungskriterien zu entwickeln?
- Um Standards zu entwickeln?
- Um neue Produkte oder Dienstleistungen zu entwickeln?
- Um Produktlinien zurückzunehmen oder anzupassen?
- Um die Qualität zu verbessern?
- Um den Marktanteil zu erhöhen?

2. Inhalte

All zu oft scheitert Marktforschung, weil man nicht genau festlegt, was eigentlich herausgefunden werden soll. Führen Sie eine Brainstorming-Sitzung mit Ihren kompetentesten Mitarbeitern durch und erarbeiten Sie die Ziele der Marktforschung. Eine goldene Regel: Man sollte sich nicht zu viel auf einmal vornehmen.

3. Kundenkreis

Einer der wichtigsten Schritte jeder Marktforschung ist die Festlegung der zu befragenden Kundengruppe. Erstellen Sie eine Liste aller Kundentypen, die Sie im Moment haben oder ansprechen möchten und verbinden Sie diese zu Ihrer Zielgruppe. Vorbereitende Forschung – das Zusammentragen von bereits existierenden Informationen – kann an dieser Stelle sehr nützlich sein und hilft, erste Abgrenzungen vorzunehmen.

4. Auftragsbeschreibung

Die Auftragsbeschreibung ist eine klare Anweisung dazu, was Sie zu welchem Zeitpunkt und zu welchem Preis erwarten. Der Auftrag

- definiert die konkreten Ziele der Forschung;
- beschreibt alle Hintergrundinformationen, die bedeutenden Einfluss haben können;

- liefert Ansätze zu möglichen Methoden;
- legt Liefertermine fest;
- legt die Anforderungen für Datenschutz, Offenlegung und Darstellung fest;
- bestimmt den Termin, an dem die Strategie umgesetzt werden soll (und benennt die Marktforschungsinstitute in der engeren Wahl, falls Sie auf externe Kräfte angewiesen sind).

Wenn die Marktforschung im Unternehmen durch das eigene Personal durchgeführt wird, stellt die Auftragsbeschreibung eine wichtige Orientierung dar. Beauftragen Sie ein externes Unternehmen, ist die Auftragsbeschreibung unerlässlich.

5. Zuständigkeiten

Sie benötigen möglicherweise die Hilfe von externen Spezialisten, falls Ihr Unternehmen keine eigene Marketingabteilung haben sollte (unter Umständen auch, obwohl dies der Fall ist). Falls Sie Hilfe von außen in Anspruch nehmen, sollten Sie sich zunächst folgende Fragen stellen:

- Über wie viel Fachwissen verfügen Sie? Marktforschung ist sowohl Wissenschaft als auch Handwerk.
- Verfügen Sie über die erforderlichen Mittel im Unternehmen, wie zum Beispiel eine adäquate Hardware-Ausstattung, Fachwissen für die Auswertung von Statistiken sowie Forschungserfahrung?
- Wie viel Zeit können Sie für die Forschung aufwenden?
- Wie hoch ist Ihr Budget? Wie viel professionelle Hilfe können Sie sich leisten?

6. Unabhängige Marktforschungsinstitute

Um eine geeignete Marktforschungsagentur ausfindig zu machen, können Empfehlungen, Fachzeitschriften oder Handelskammern, Branchenverzeichnisse und sonstige Kontakte sehr hilfreich sein. Prüfen Sie die üblichen Auswahlkriterien wie Preis, äußerer Anschein und Angebot, aber beachten Sie auch den Ruf des Unternehmens, die Mitgliedschaft in anerkannten Verbänden, Referenzen, Kunden und mögliche Interessenkonflikte durch andere Kunden. Lassen Sie ausgewählten Agenturen Ihre Auftragsbeschreibung zukommen und treffen Sie nach Prüfung der erhaltenen Rückmeldungen Ihre Wahl.

7. Geeignete Methoden

Es gibt zwei Hauptansätze in der Marktforschung, bei denen unterschiedliche Methoden angewendet werden.

Qualitative Forschung

Qualitative Forschung ist als effektive Form anerkannt, um Einblick in die Empfindungen und das Denken von Menschen zu gewinnen. Sie wird deshalb gerne in Bereichen angewendet, die eine gewisse Sensibilität erfordern. In der qualitativen Forschung sind die Fragen meist offen und auf Empfindungen gerichtet. Sie ist weniger geeignet, um Trends in einer großen Verbrauchergruppe nachzuweisen, aber sehr nützlich, um die wichtigen Themen zu erkennen.
Die grundlegenden Methoden, die in der qualitativen Forschung verwendet werden, sind persönliche Interviews, aufgezeichnete Interviews, Telefoninterviews, Briefbefragungen und Gruppendiskussionen. Die Stichprobengruppe ist in der Regel kleiner als bei der quantitativen Forschung.
Sie können bei Bedarf auch mehrere Methoden zur Datenerhebung anwenden. Durch Briefbefragungen können Sie zum Beispiel sehr viele Menschen auf einem sehr allgemeinen Niveau erreichen, während Gruppendiskussionen mit einer kleineren Teilnehmeranzahl eine ausführlichere Analyse ermöglichen. Es besteht oftmals eine umgekehrte Beziehung zwischen Validität (ob Sie auch das messen, was sie vorgeben zu messen) und Reliabilität (ob die Ergebnisse reproduziert werden können).

Quantitative Forschung

In der quantitativen Forschung werden hauptsächlich Befragungen einer sorgfältig ausgewählten Stichprobengruppe durchgeführt. Die Fragebögen bestehen in der Regel aus geschlossenen Fragen, die eine genaue Antwort erfordern, beispielsweise:

- Wie viel würden Sie für dieses Produkt ausgeben wollen?
- Wie zufrieden sind Sie mit diesem Produkt?
- Bevorzugen Sie das Produkt in blau, rot oder pink?

Quantitative Forschung ist nützlich, weil man damit Ergebnisse in Prozentzahlen ausdrücken kann. Anders gesagt, wenn Sie hundert Kunden die gleiche Frage stellen, finden Sie sehr genau heraus, welcher Prozentsatz zustimmt und welcher nicht.

8. Form der Datenanalyse

Wenn Sie die Hilfsmittel für Ihre Forschung auswählen, sollten Sie wissen, wie Sie die erhaltenen Daten später aufbewahren, strukturieren und analysieren wollen. Denken Sie auch über eine einfache Form der Dateneingabe nach und darüber, wie Software-Programme Daten für die statistische Auswertung oder die Entscheidungsunterstützung verarbeiten können, und wie Sie vermeiden, auf ein bestimmtes Verfahren angewiesen zu sein. Auch wenn anspruchsvolle Auswertungstechniken angewendet werden, müssen die Ergebnisse interpretiert und verstanden werden. Denken Sie an das geflügelte Wort: »Ich traue keiner Statistik, die ich nicht selbst gefälscht habe.« Verallgemeinern Sie nicht vorschnell bei nur wenigen Rückmeldungen, aber überprüfen Sie stets bedeutende Unterschiede und Zusammenhänge.

Marketingforschung bringt manchmal unerwartete Erkenntnisse hervor, die ein völlig neues Licht auf den Untersuchungsgegenstand werfen können. Seien Sie auf solche Ergebnisse vorbereitet, wenn Sie die Daten interpretieren und Kreuzanalysen durchführen wollen.

Empfehlungen und Warnungen

- Nehmen Sie sich Zeit für die Planung der Forschung.
- Entscheiden Sie, welche Forschungsmethode angemessen ist.
- Stellen Sie klar, was Sie herausfinden möchten.
- Richten Sie sich auf Überraschungen ein.
- Beginnen Sie die Forschung nicht voreilig und nehmen Sie keine Ergebnisse vorweg.
- Lassen Sie keine Ergebnisse außer Acht.
- Wenden Sie Marktforschung nicht nur einmal als Ausnahmeaktion an. Es sollte ein kontinuierlicher Prozess sein.

Denkanregungen

- Wie gut kennen Sie die Bedürfnisse Ihrer Kunden wirklich?
- Ist die Durchführung von Marktforschung wirklich erforderlich?
- Welche Methode erscheint Ihnen am geeignetsten – qualitative oder quantitative Forschung?
- Kennen Sie eine gute Informationsquelle, mit deren Hilfe sie herausfinden, welche Forschungsmethode für Ihre Zwecke am besten geeignet ist ist?

Literaturhinweise

- Birn, Robin: *Effective Use of Market Research. A Guide for Management to Grow the Business*, 3. Aufl., London 1999.
- Dannenberg, Marius/Sascha Barthel: *Effiziente Marktforschung*, Bonn 2002.
- Gofton, Leslie/Mitchell Ness: *Business Market Research*, London 1997.
- Housden, Matthew: *Professionelle Marktforschung in 7 Tagen. Techniken, Analysen, Präsentationen*, Landsberg/Lech 1997.
- Uhe, Gerd: *Strategisches Marketing. Vom Ziel zur Strategie*, Berlin 2002.

Medien

Zusammenfassung

Diese Checkliste richtet sich an alle, die mit den Medien – Presse, Fernsehen oder Radio – zu tun haben. Die Medien können nützlich sein, um Ideen zu verbreiten, ein Bewusstsein zu erzeugen, ein Produkt oder ein Image zu verkaufen oder einen Wettbewerbsvorsprung zu sichern. Der geschickte Umgang mit den Medien ist eine unverzichtbare Voraussetzung für die Krisenbewältigung. Erfolgreiche Medienkontakte setzen Klarheit und Kontrolle voraus. Das wiederum erfordert sorgfältige Planung, Vorbereitung und eine ruhige Hand.

Die modernen Technologien können ein Bild oder eine Bemerkung binnen Minuten an Millionen Menschen verbreiten; die Medien können als mächtiger und wertvoller Verbündeter oder aber als zerstörerische Kraft wirken, die die Arbeit und das Vertrauen von Jahren zunichte macht. Die meisten Menschen und die meisten Unternehmen kommen früher oder später mit den Medien in Kontakt; denken Sie an Andy Warhols Ausspruch, wonach jeder Mensch irgendwann seine fünfzehn Minuten Berühmtheit erlebt. Der geschickte Umgang mit den Medien, ob aktiv gesucht oder als Reaktion auf ein Ereignis, kann eine Situation komplett verändern und einen nachhaltigen Eindruck erzeugen. Die Medien verleihen zudem einer Botschaft eine bestimmte Legitimität, und wenn generell der erste Eindruck zählt, dann tut dies auch der von den Medien vermittelte.

Definition

Die Medien umfassen jede Art von Informationsverbreitung. Diese Checkliste konzentriert sich auf Presse, Fernsehen und Radio.

Vorteile

Der effektive Umgang mit den Medien verspricht
- höhere Umsätze bei Produkten und Dienstleistungen,
- größeres Markenbewusstsein,
- verstärkte öffentliche Wahrnehmung einer Person oder einer Organisation,
- breite Vermittlung einer Situation, einer Strategie oder eines Plans,
- kontrollierte Schadensbegrenzung im Fall einer Krise,
- wertvolle langfristige Geschäftsbeziehungen.

Nachteile

Im Fall eines ineffektiven Umgangs mit den Medien drohen
- der Kollaps des öffentlichen Vertrauens,
- das Ende eines profitablen Geschäfts,
- ein getrübtes Unternehmensimage, verbunden mit einem Verlust an Einfluss,
- die Verbreitung von Unsicherheit, Gerüchten und unzutreffenden oder unfairen Wahrnehmungen einer Situation,
- verpasste Gelegenheiten.

Aktionsplan

1. Ziele

Lassen Sie sich niemals zu einem Interview drängen. Entscheiden Sie, was Sie erreichen wollen, und erstellen Sie eine Liste mit maximal fünf Punkten, um die es Ihnen geht.

2. Einfachheit und Kontrolle

Gehen Sie nicht davon aus, dass Journalist und Publikum denselben Wissens- und Informationsstand haben wie Sie. Formulieren Sie Ihre Botschaft klar und deutlich, und denken Sie dabei an Ihre Ziele. Vermeiden Sie fachsprachliche Ausdrücke und Abkürzungen und hüten Sie sich davor, sich gegenüber dem Interviewer oder dem Publikum herablassend zu geben.

3. Vorbereitung

Im Rahmen Ihrer Vorbereitungen sollten Sie sicherstellen, dass Sie auf mögliche schwierige Fragen eine Antwort parat haben. Scheuen Sie sich nicht, bestimmten Fragen oder Vorurteilen höflich zu widersprechen, und achten Sie darauf, dass Sie anschließend stets wieder auf Ihre eigenen Anliegen und Ziele zurückkommen.

4. Einstimmung

Bereiten Sie sich auf das Interview vor, indem Sie frühzeitig am Ort des Geschehens eintreffen. So können Sie sich in aller Ruhe mit der Umgebung vertraut machen. Überprüfen Sie Ihr Erscheinungsbild. Sprechen Sie mit dem Interviewer und bringen Sie sich in eine gelöste, gefasste und wache Stimmung. Atmen Sie tief durch, kommen Sie zur Ruhe und konzentrieren Sie sich auf einige lockere Eröffnungssätze sowie Ihr erstes wichtiges Anliegen, damit Sie einen guten Einstieg finden.

5. Erwartungen des Interviewers

Sie sollten wissen, was sich der Journalist von dem Interview erwartet, damit Sie die Bedürfnisse der Medien mit Ihren eigenen in Einklang bringen können. Versuchen Sie, die Motivation des Interviewers zu verstehen, und bedenken Sie, dass dieser einen bestimmten Job zu machen hat. Es ist unwahrscheinlich, dass er Sie übers Ohr hauen will, und dennoch kann dies bei mangelnder Sorgfalt, Zeit und Vorbereitung passieren.

6. Gelassenheit

Seien Sie freundlich, lebhaft und enthusiastisch, ohne jedoch eine Show abzuziehen. Vermitteln Sie Ihre Persönlichkeit und Ihre Botschaft auf Ihre Art und Weise. Bleiben Sie ruhig und lassen Sie sich nicht provozieren; der Jounalist möchte Informationen aus Ihnen herauslocken und Sie nicht einem Kreuzverhör unterziehen.

7. Verschwiegenheit

Hüten Sie sich davor, in zwanglosen Gesprächen sensible Informationen preiszugeben. Gehen Sie davon aus, dass alles, was Sie dem Journalisten erzählen, zitiert werden kann.

8. Medienkontakte

Sie sollten erwägen, die Geschichten und Berichte über Ihr Unternehmen selbst zu schreiben und eine dauerhafte Beziehung zu den Medien aufzubauen. Viele Menschen unterschätzen die Medien, sie misstrauen ihnen oder nutzen sie nur in Krisenzeiten. Eine aktive Gestaltung der Beziehung kann viel dazu beitragen, Verständnis und guten Willen zu erzeugen.

Das Zeitungsinterview

a) Zeitungs- und Zeitschrifteninterviews sind für Sie mit speziellen Risiken verbunden, weil Sie sich bei der Wiedergabe des Gesagten auf den Journalisten verlassen müssen. Sorgen Sie dafür, dass Sie einander richtig verstehen, dass die Fakten korrekt sind und dass der Journalist Ihre Geschichte »kauft«.

b) Ergründen Sie,

- welche Einstellung der Journalist vertritt; vergewissern Sie sich, dass sie nicht im Widerspruch zu Ihrer Meinung steht;
- für welches Zielpublikum das Interview gedacht ist;
- welcher Ihrer Wettbewerber oder welche anderen Quellen ebenfalls konsultiert werden.

c) Liefern Sie gute Zitate – sie sind das schriftliche Gegenstück zum O-Ton.

d) Denken Sie daran, dass es der Presse mehr um interessante als um ausgewogene Geschichten geht, und liefern Sie lieber Beispiele und persönliche Anekdoten statt allgemeiner Darstellungen.

e) Bestehen Sie darauf, den Artikel vor der Drucklegung zu lesen, und schlagen Sie vor, noch einmal miteinander zu telefonieren, falls der Journalist noch Klärungsbedarf sieht.

f) Bedenken Sie, dass der betreffende Journalist auch nur ein Mensch ist. Seien Sie nett zu ihm und zeigen Sie Verständnis für seine Wünsche – dann wird (in aller Regel!) auch er nett zu Ihnen sein. Wenn Sie sich aggressiv, defensiv oder abweisend zeigen, können Sie kaum mit einer wohlwollenden Darstellung rechnen.

Das Radiointerview

a) Vorbereitung:

- Achten Sie darauf, dass das Gespräch dann gesendet wird, wenn auch jemand zuhört. Die besten Zeiten sind 7:00 bis 9:00, 13:00 bis 14:00 und 16:30 bis 17:30 Uhr.
- Wenn die Journalisten zu Ihnen kommen, sollten Sie einen ruhigen Ort wählen (es sei denn, die Hintergrundgeräusche machen die Übertragung interessanter).

b) Das Interview:

- Seien Sie persönlich. Wenden Sie sich immer nur an einen Zuhörer. Wählen Sie jemanden, den Sie kennen, und stellen Sie sich diese Person im Geiste vor.
- Vermeiden Sie Abstraktionen. Verwenden Sie lebendige, menschliche Beispiele, um im Kopf des Zuhörers Bilder zu skizzieren.
- Liefern Sie Soundbites. Denken Sie sich drei oder vier Sätze aus, die sich besonders gut als Zitate eignen und versuchen Sie, diese gut zu platzieren. Vermeiden Sie Wort- und Satzwiederholungen, die irritieren könnten – es sei denn, dass Sie gerade das beabsichtigen.
- Wenn Sie Notizen verwenden, sollten Sie nur Stichworte benutzen und nicht ablesen – die Zuhörer würden es merken.
- Hauen Sie nicht auf den Tisch, zerknüllen Sie kein Papier und klimpern Sie nicht mit Ihrem Schmuck.

c) Außenstudios und Telefonschaltungen:

- Gehen Sie von einer Liveschaltung aus, solange Sie nichts Gegenteiliges wissen.
- Hören Sie gut zu und machen Sie sich bei Bedarf Notizen; notieren Sie die Namen der Anrufer.
- Antworten Sie, wenn Sie an der Reihe sind.
- Unterbrechen Sie notfalls voller Überzeugung oder überhaupt nicht.
- Bleiben Sie höflich gegenüber Anrufern und Interviewern, auch wenn diese sich im Ton vergreifen, und schmeicheln Sie ihnen – »Das ist zwar richtig, aber in Wirklichkeit geht es hier um …«.

Das Fernsehinterview

a) Im Studio:

- Tragen Sie passende Kleidung: klare Farben, keine wilden Muster, möglichst keinen Schmuck.
- Machen Sie sich mit der Umgebung vertraut: Erscheinen Sie frühzeitig und treffen Sie sich mit dem Interviewer.
- Erkundigen Sie sich nach dem Gesprächsablauf: Wie wird die erste Frage lauten?
- Wenn man Sie schminken möchte, lassen Sie es zu.

b) Vor Ort:

- Wenn die Crew zu Ihnen kommt, erkundigen Sie sich vorher, welche speziellen Vorbereitungen für die Aufnahmen getroffen werden müssen.
- Sprechen Sie mit dem oder den Journalisten, sobald sie eintreffen. Vergewissern Sie sich, dass Ihre Situationseinschätzungen übereinstimmen; finden Sie heraus, ob zusätzliche Hintergrundinformationen benötigt werden.
- Entscheiden Sie, wo Sie am liebsten gefilmt werden würden: Vermeiden Sie Ablenkungen und achten Sie auf einen geeigneten Hintergrund.

c) Während des Interviews:

- Nehmen Sie eine bequeme Sitzhaltung ein und geben Sie sich freundlich und natürlich.
- Bleiben Sie ernsthaft – Lächeln kann missverständlich wirken.
- Verwenden Sie eine positive Körpersprache.
- Zappeln Sie nicht – entspannen Sie sich!

Empfehlungen und Warnungen

- Setzen Sie sich Ziele – entscheiden Sie, was Sie erreichen wollen.
- Finden Sie vorab so viel wie möglich heraus. Wer ist das Publikum? Was erwarten die Medien? Worauf werden die Fragen abzielen?
- Schaffen Sie eine geeignete Atmosphäre und machen Sie es sich bequem.
- Verwenden Sie eine klare, freundliche, ungekünstelte Ausdrucksweise. Stellen Sie sich vor, Sie würden auf einer Party zu einem interessierten Unbekannten sprechen.

- Widersprechen Sie tendenziösen Fragen oder unzutreffenden Behauptungen.
- Entspannen Sie sich und seien Sie Sie selbst.
- Sprechen Sie Probleme bezüglich des Interviews an. Wenn Sie mit dem Ergebnis unzufrieden sind und es sich nicht um eine Liveschaltung handelt, bitten Sie um eine Wiederholung.
- Vermeiden Sie Herablassung und Fachterminologie.
- Seien Sie nicht aggressiv, unwirsch oder nervös.
- Lassen Sie sich nicht zu Interviews oder Antworten überreden.
- Gehen Sie nicht davon aus, dass der Interviewer oder das Publikum über Sie oder Ihr Thema informiert ist.
- Ignorieren Sie keine Fragen.
- Halten Sie sich nicht sklavisch an die Fragen: Beantworten Sie sie kurz und sagen Sie dann, was Sie sagen möchten.

Denkanregungen

- Welche Interviews, die Sie gesehen, gehört oder gelesen haben, haben Sie beeindruckt?
- Wissen Sie, was sich Ihr Gesprächspartner von dem Interview erwartet? Können Sie die Motivation des Journalisten verstehen?
- Wie lauten Ihre Ziele, und welches Ergebnis erwarten Sie sich von dem Interview?
- Machen Sie das Beste aus der Gelegenheit?

Literaturhinweise

- Martin, David: *Erfolgreiche Verhandlungstaktiken. Schwierige Situationen perfekt meistern*, Niedernhausen 1997.
- Pukke, Antje-Susan/Holger Goblirsch: *Der gute Draht zu den Medien. Strategien und Tips für erfolgreiche Öffentlichkeitsarbeit*, Frankfurt/New York 1996.
- Wachtel, Stefan: *Überzeugen vor Mikrofon und Kamera. Was Manager wissen müssen*, Frankfurt/New York 1999.
- Tidman, Peter/H. Lloyd Slater: *Tidman's Media Interview Technique. Handling the Media and Getting Your Point across on TV, Radio and within Your Organisation*, Maidenhead 1992.

Mitarbeiterbeschaffung

Zusammenfassung

Diese Checkliste behandelt die Phasen des Mitarbeiterbeschaffungsprozesses von der Kündigung durch den bisherigen Arbeitsplatzinhaber oder der Bewilligung eines neuen zusätzlichen Mitarbeiters bis zur Vorauswahl der Bewerber für die Einstellungsgespräche.
Die Personalbeschaffung ist schon für sich genommen ein teurer Prozess. Dieser kann jedoch noch mit zusätzlichen Kosten in Form von verminderter Unternehmensleistung und hoher Arbeitskräftefluktuation zu Buche schlagen, falls es nicht gelingt, geeignete Mitarbeiter einzustellen. Diese Probleme lassen sich minimieren, indem der Einstellungsbedarf des Unternehmens planmäßig und systematisch ermittelt wird und, im Anschluss daran, die besten Maßnahmen ergriffen werden, um diesen Bedarf zu decken.

Definition

Im Rahmen eines Personalbeschaffungsprozesses müssen Sie, bevor Sie überhaupt Vorstellungsgespräche führen, zunächst einmal überprüfen, ob wirklich Einstellungsbedarf besteht. Sodann sollten Sie sich um Unterstützung durch das Management und andere Abteilungen bemühen. Anschließend müssen Sie bestimmen, welche Art von Mitarbeiter Sie brauchen, und welche Fähigkeiten er mitbringen sollte. Prüfen Sie, ob Ihre Anforderungen an den neuen Mitarbeiter ohne Abstriche zu erfüllen sind. Zuletzt suchen Sie aktiv nach Kandidaten und erstellen dann eine Liste der Bewerber, die Ihren Kriterien genügen.

Vorteile

Ein planmäßiger Beschaffungsprozess

- verschafft Ihnen die Gewissheit, dass Sie wirklich eine freie Stelle zu besetzen haben;
- bietet die Gelegenheit, einen bestehenden Arbeitsplatz neu zu be-

werten und zu prüfen, ob er möglicherweise umgestaltet werden sollte;
- überlässt Ihnen die Entscheidung, auf welcher Basis Sie jemanden beschäftigen wollen;
- stellt sicher, dass Sie alle Möglichkeiten der Kandidatensuche berücksichtigen.

Nachteile

Der Prozess
- ist zeitintensiv;
- führt möglicherweise zu Verzögerungen bei den Vorstellungsgesprächen.

Aktionsplan

1. Bedarfsermittlung

Stellen Sie fest, ob Sie den betreffenden Arbeitsplatz wirklich benötigen, oder ob die entsprechende Tätigkeit von einem anderen Beschäftigten mit übernommen werden kann. Wenn tatsächlich Bedarf besteht, müssen Sie entscheiden, ob Sie einen festangestellten Vollzeitmitarbeiter benötigen. Würde ein Mitarbeiter mit einem befristeten oder einem Teilzeitvertrag genügen? Überlegen Sie, ob Sie nicht besser eine Vermittlungsagentur oder ein Beratungsunternehmen mit der Personalsuche beauftragen sollten. Daneben besteht die Möglichkeit, die benötigte Tätigkeit vollständig auszulagern (Outsourcing).

2. Konsultation

Vermutlich müssen Sie für Einstellungen und Vertragsverlängerungen die Genehmigung der Unternehmensspitze einholen. Überlegen Sie, welche anderen Abteilungen im Unternehmen ein Interesse an der Kandidatenauswahl haben – möglicherweise können Sie sich die Mühe teilen. Sprechen Sie mit dem bisherigen Arbeitsplatzinhaber und mit Beschäftigten, die mit dem neuen Kollegen zusammenarbeiten müssen. Halten Sie Rücksprache mit der Personalabteilung und profitieren Sie von deren Erfahrung. Entscheiden Sie, wer in den verschiedenen Stadien des Einstellungsprozesses die Bewerbungsgespräche führen soll.

3. Kandidatenprofil

Erstellen Sie eine Liste mit den Pflichten, Zuständigkeiten, Verantwortlichkeiten und Beziehungen der auszuschreibenden Stelle. Wenn Sie einen bereits bestehenden Arbeitsplatz neu besetzen, sollten Sie bei dieser Gelegenheit prüfen, ob die bisherigen Arbeitsplatzspezifikationen angemessen oder ob Veränderungen ratsam sind. Entscheiden Sie, welche Qualifikationen Sie von den Kandidaten erwarten, welche Erfahrungen erforderlich und welche persönlichen Eigenschaften wichtig sind. Auf dieser Grundlage können Sie anschließend die Arbeitsplatzbeschreibung und die individuellen Anforderungen aktualisieren. Legen Sie einen Einstellungstermin fest und entscheiden Sie, welche Schulung der neue Mitarbeiter durchlaufen soll und nach welcher Zeitspanne man von ihm einen gewissen Grad an Kompetenz erwartet.

4. Realisierbarkeit

Fragen Sie sich: Ist es wahrscheinlich, dass Sie die gewünschten Qualitäten, Qualifikationen und Erfahrungen in einer Person vereint finden können? Wenn ja, finden Sie heraus, welches Gehalt und welche Zusatzleistungen Sie im Gegenzug bieten müssen. Dazu können Sie regionale und nationale Stellenausschreibungen studieren, Gehaltserhebungen (die zwar teuer sind, aber zum Zeitpunkt ihres Erscheinens häufig in zusammengefasster Form in der Presse veröffentlicht werden) zu Rate ziehen und mit anderen Unternehmen in der Nähe oder aus Ihrer Branche zusammenarbeiten. Auf diese Weise finden Sie auch heraus, ob Sie den gesuchten Kandidaten vor Ort finden können oder ob Sie Ihr Netz möglicherweise weiter spannen müssen. Denken Sie darüber nach, wie attraktiv es für Stellensuchende ist, in Ihrem Unternehmen zu arbeiten, und wie Sie diese Bewerber anlocken können.

5. Kandidatensuche

Beginnen Sie in Ihrem eigenen Unternehmen. Gibt es geeignete Mitarbeiter, die bereit wären, diese Herausforderung anzunehmen? Selbst wenn die Antwort negativ ausfällt, sollten Sie die Stellenausschreibung auch intern bekannt machen – aus Höflichkeit gegenüber Ihren Mitarbeitern, und damit diese die Möglichkeit haben, interessierten Freunden oder Verwandten einen Tipp zu geben. Mundpropaganda kann eine wertvolle Personalbeschaffungsmethode sein, aber Sie sollten darauf achten, dass sich eine unter geschlechterspezifischen oder ethnischen Gesichtpunkten möglicherweise unausgewogene Zusammensetzung der Belegschaft nicht auf diese Weise verstärkt. Durchsuchen Sie Ihr Archiv nach früheren Bewerbungen, sei es auf Stellenausschreibungen hin oder unaufgefordert. Nutzen Sie auch alle Kontakte, die Sie beispielsweise zu den entsprechenden Ausbildungseinrichtungen haben. Sowohl Lehrlinge als auch Personen mit Universitätsabschluss lassen sich auf diesem Wege finden. Entscheiden Sie an diesem Punkt, ob Sie eine Personalagentur damit beauftragen wollen, Kandidaten zu finden und einer Vorauswahl zu unterziehen. Ihre Entscheidung wird sich nach Ihrer Zeit und Ihren Möglichkeiten sowie nach den Preisen richten, die die Agenturen für ihre Dienste verlangen. Eine andere Kandidatenquelle sind die Jobmessen. Weltweit finden jedes Jahr unzählige Veranstaltungen dieser Art statt. Sie richten sich zum Teil an eine bestimmte Zielgruppe, wie beispielsweise frischgebackene Universitätsabsolventen, oder an die allgemeine Öffentlichkeit. Nutzen Sie eine gute Internet-Suchmaschine, um die nächsten Termine in Erfahrung zu bringen. Arbeitgeber können auf diesen Messen ihren Personalbedarf anmelden.

6. Anzeigenschaltung

Wenn Sie sich für den Alleingang entscheiden und annoncieren müssen, sollten Sie sich genau überlegen, welche Pressemedien dafür in Frage kommen. Wollen Sie in regionalen oder überregionalen Zeitungen eine Anzeige schalten? Wenn Sie einen Spezialisten suchen, empfiehlt es sich möglicherweise, in Fachzeitschriften oder der Wirtschaftspresse zu annoncieren. Finden Sie heraus, wie viel Anzeigen unterschiedlicher Größe kosten und was Sie sich leisten können. Erwägen Sie den Weg über Arbeitsämter vor Ort sowie die neuen Medien, wie beispielsweise das Internet, wo mittlerweile zahlreiche Jobseiten und Adressenlisten zu finden sind.

7. Annoncengestaltung

Entscheiden Sie, ob Sie sich oder einem Ihrer Mitarbeiter die Gestaltung einer Stellenanzeige zutrauen. Wenn Sie diese Aufgabe der Personalabteilung übertragen, sollten Sie sicherstellen, dass Sie während des gesamten Prozesses beteiligt bleiben. Falls es sich um eine höhere Position oder um eine größere Zahl von Stellen handelt, könnte es ratsam sein, eine Werbeagentur mit der Annoncengestaltung und -platzierung zu beauftragen. In der Anzeige sollten Sie den Namen Ihres Unternehmens offen nennen und sich nicht auf eine Chiffre beschränken – es sei denn, Sie haben besondere Gründe für eine Geheimhaltung –, denn das wirkt auf manche Bewerber eher abschreckend. Die Annonce sollte zu folgenden Punkten kurz und bündig Auskunft geben:

- mit dem Arbeitsplatz verbundene Pflichten und Verantwortlichkeiten,
- erwartete Qualifikationen und Erfahrungen,
- die gewünschten persönlichen Eigenschaften,
- Standort des Arbeitsplatzes,
- Hinweise zu Höhe und Art der Vergütung,
- gewünschte Form der Antwort (Brief mit Lebenslauf oder Anforderung eines Bewerbungsformulars),
- ob und in welcher Form weitere Informationen erhältlich sind.

Die Annonce sollte das Bild eines interessanten und dynamischen Unternehmens zeichnen – sie ist ein PR-Vehikel, das jeden erreicht, der die Anzeige liest, egal ob Stellenkandidat oder nicht. Achten Sie genau darauf, dass die Annonce nicht gegen Gesetze oder Normen verstößt; zu nennen sind hier beispielsweise ethnische Diskriminierungen oder die ungleiche Behandlung weiblicher und männlicher Bewerber. Wenn Sie von Ihren Kandidaten erwarten, dass sie ein Bewerbungsformular ausfüllen, sollte dieses natürlich alle relevanten Fragen enthalten. Füllen Sie oder ein Kollege das Formular selbst aus, und versetzen Sie sich dabei in die Situation eines Bewerbers, um das Formular auf seine Tauglichkeit zu überprüfen. Bereiten Sie eine Informationsmappe für die Interessenten vor.

8. Kandidatenliste

Entscheiden Sie, wie viele Bewerber Sie in die engere Wahl nehmen wollen. Sie werden vermutlich bei der Durchsicht der Bewerbungsunterlagen Hilfe benötigen, entweder von einer externen Agentur oder von anderen Mitarbeitern, Vorgesetzten oder Managern in Ihrem Unternehmen. Damit sparen Sie Zeit und erhalten eine wertvolle zweite Meinung über die Bewerber. Beim Studium der Unterlagen sollten Sie auf die Übereinstimmung zwischen dem Kandidaten und Ihren Anforderungen, auf etwaige unbegründete Beschäftigungslücken, die Qualität der Präsentation sowie darauf achten, ob der Bewerber seine Antwort auf Ihren speziellen Arbeitsplatz und Ihr Unternehmen zugeschnitten hat.

9. Antwort

Die Bewerber, die sofort aus dem Verfahren ausscheiden, sollten so schnell wie möglich eine freundliche Auskunft erhalten. Denken Sie daran: Es könnte sich bei diesen Menschen, ebenso wie bei deren Verwandten und Freunden, um zukünftige Kunden oder auch um Bekannte potenzieller Bewerber handeln. Diejenigen, mit denen Sie persönlich sprechen möchten, sollten Sie ebenfalls rasch kontaktieren. Sie müssen klären, ob die Bewerber noch an der Stelle interessiert sind, und einen Termin für ein Gespräch vereinbaren. Stellen Sie sicher, dass die Kandidaten den Weg zu Ihnen finden, und sagen Sie ihnen, welche Unkosten Sie übernehmen wollen. Es könnte sinnvoll sein, eine kleine Anzahl Kandidaten als »Reserve« zu behalten.

Empfehlungen und Warnungen

- Nutzen Sie die Gelegenheit, um zu prüfen, ob Sie tatsächlich einen neuen Mitarbeiter brauchen.
- Machen Sie sich eine klare Vorstellung davon, wen Sie suchen.
- Ziehen Sie mindestens eine weitere Person zu Rate.
- Erforschen Sie den Markt, bevor Sie Ihre Annonce aufgeben.
- Verhindern Sie, dass man Ihrem Unternehmen den Vorwurf der Diskriminierung macht.
- Denken Sie daran, dass der Personalbeschaffungsprozess Auswirkungen auf die Public Relations des Unternehmens haben kann.

Denkanregungen

- Wie hoch ist die Mitarbeiterfluktuation in Ihrem Unternehmen?
- Welche Probleme gab es in der Vergangenheit mit der Personalbeschaffung?
- Welche Erfahrungen haben Sie selbst als Kandidat in Personalbeschaffungsprozessen gemacht?

Literaturhinweise

- Jay, Ros: *Mitarbeiter auswählen. Top-Tools für die Personalsuche*, München/ Amsterdam 2001.
- Lehky, Maren: *Der Mitarbeiter, der zu mir passt. Das 1x1 der Personalauswahl*, Frankfurt/Main 2002.
- Lemos, Gerard: *Fair Recruitment and Selection*, London 1994.
- Maddux, Robert B.: *Professionelle Bewerberauslese. Interviews optimal vorbereiten; Stärken- und Schwächenkatalog; die sieben unverzeihlichen Fehler; Kriterien für die richtige Entscheidung*, Wien 1992.
- Roberts, Gareth: *Recruitment and Selection*, London 1997.
- Ungerson, Bernard: *How to Write a Job Description*, London 1983.

Mitarbeiterfluktuation

Zusammenfassung

Anhand dieser Checkliste können Manager die Mitarbeiterfluktuation analysieren, sie verstehen und managen.

In der Rezession ist die Mitarbeiterfluktuation zurückgegangen. Einer der daraus resultierenden Vorteile – die Reduzierung der Personalbeschaffungskosten – hat den Blick auf die tiefer gehenden Probleme verstellt: zum Beispiel das Verbleiben unzufriedener Mitarbeiter, die eigentlich lieber weiterziehen würden, oder die Schwierigkeit, »frisches Blut« ins Unternehmen zu bringen. In Zeiten geringer Schwankungen ist es deshalb wichtig, diese Symptome zu managen, auch wenn sich dies nicht unmittelbar in der Mitarbeiterfluktuation niederschlägt.

Mitarbeiterfluktuation ist in einem gewissen Ausmaß unvermeidlich und sogar wünschenswert, besonders in modernen, flach strukturierten Unternehmen. Eine gewisse Fluktuation kann beispielsweise dann wohltuend wirken, wenn es nur wenige Beförderungsmöglichkeiten gibt, oder wenn es das Unternehmen vorzieht, regelmäßig neue Talente mit frischen Gedanken, Enthusiasmus, Fachwissen und Erfahrung mit aktuellen Entwicklungen heranzuziehen. Unnötige Fluktuation ist jedoch teuer, was Personalbeschaffungskosten, Produktions- und Service-Ineffizienzen betrifft, und sie ist ungünstig hinsichtlich der Arbeitsmoral der Mitarbeiter. Sie müssen selbst bestimmen, wie viel Fluktuation welcher Art Sie wollen (oder zu akzeptieren bereit sind). Untersuchen Sie, warum die Beschäftigten gehen, und überlegen Sie gegebenenfalls, was Sie tun können, um Mitarbeiter zu motivieren und zu halten.

Definition

Fluktuation kann entweder als Gesamtphänomen betrachtet oder in drei Kategorien eingeteilt werden:

- vom Arbeitgeber gesteuert: Entlassung und Frühpensionierung,
- vom Arbeitnehmer gesteuert: diverse Arten von Unzufriedenheit,
- weder vom Arbeitgeber noch vom Arbeitnehmer gesteuert: langfristige Krankheit, gewöhnlicher Ruhestand, Mutterschaftsurlaub und Ausscheiden durch Tod.

Vorteile

Aktives Management ermöglicht

- eine effektivere Personalbeschaffung,
- Kosteneinsparungen,
- eine verbesserte Mitarbeitermoral,
- eine bessere Kenntnis des Arbeitsmarktes insgesamt,
- eine konstruktivere Entwicklung der Wissensbasis des Unternehmens.

Aktionsplan

1. Ausmaß des Problems

Erwägen Sie die Verwendung eines oder mehrerer verbreiteter Bewertungskriterien:

- Die Gesamtfluktuationsrate, auch Crude-Wastage-Index genannt, ist der meistverwandte Indikator. Er berechnet sich folgendermaßen:

(Ausscheidende im Jahr ÷ durchschnittliche Zahl der Beschäftigten) × 100

Der Vorteil dieses Indikators besteht darin, dass er weit verbreitet ist, sodass Vergleiche zwischen den einzelnen Unternehmen möglich sind. Er ist dennoch mit Vorsicht zu genießen, denn er erfasst unterschiedslos alle Ausscheidenden und ignoriert dabei Faktoren wie beispielsweise den Grund ihres Ausscheidens, die Abteilung, das Alter und die Dauer der Betriebszugehörigkeit. Bei dieser Technik besteht das Risiko, dass Sie am Ende eine unausgewogene Belegschaft haben, in der beispielsweise alle Arbeitnehmer über 50 oder unter 30 Jahre alt sind.

- Der Stabilitätsindex ist ein häufig verwendeter zusätzlicher Indikator, der sich folgendermaßen berechnet:

(Mitarbeiter mit mindestens einjähriger Betriebszugehörigkeit ÷ Gesamtbelegschaft vor einem Jahr) × 100

- Die Gruppenanalyse betrachtet eine homogene Gruppe von Beschäftigten, die gleichzeitig in das Unternehmen kamen, und verfolgt das Verhalten der Gruppe über eine bestimmte Periode hinweg.
- Die Zensusanalysemethode liefert eine Momentaufnahme der Gesamtsituation, anstatt eine Teilgruppe über längere Zeit zu beobachten. Die Ausscheidenden werden, entsprechend der Dauer ihrer Betriebszugehörigkeit, in Gruppen eingeteilt und proportional zur Gesamtbelegschaft in dieser Gruppe dargestellt.
- Computermodelle für die Beschäftigungsvorhersage werden nur in großen Unternehmen verwendet und haben in letzter Zeit an Popularität verloren.

2. Vergleich mit anderen Unternehmen

Um beurteilen zu können, ob sich Ihre Fluktuationsrate im Rahmen hält, können Sie Ihre Werte nationalen, regionalen oder branchenspezifischen Vergleichswerten gegenüberstellen. Arbeitgeber können auch periodische Fluktuationsstudien für bestimmte Sektoren konsultieren. Einige Unternehmen gehören informellen Arbeitgebernetzwerken an, wo sie Informationen über diverse Personalfragen austauschen. Wenn Sie sich mit Statistiken befassen, sollten Sie die von den anderen Unternehmen verwendeten Definitionen kennen und nur Vergleichbares miteinander vergleichen.

Beobachten Sie die allgemeinen Arbeitsmarkttrends, um festzustellen, wie sich diese auf Ihr Unternehmen auswirken. Dazu gehören demografische Faktoren, der Frauen-, Minderheiten- und Akademikeranteil an den Arbeitnehmern insgesamt sowie die Mobilität der jeweiligen Bevölkerungsgruppe.

3. Gründe für die Fluktuation

Wenngleich externe Kräfte wie beispielsweise ein Arbeitskräftemangel in einigen Berufsgruppen Auswirkungen auf die Fluktuation haben können, sind interne Faktoren doch meistens wichtiger. Studieren Sie die Arbeiten der Motivationstheoretiker. Maslow argumentiert, dass die Menschen hierarchisch gestaffelte Bedürfnisse haben, die von körperlichen Bedürfnissen bis zum Drang nach Selbstverwirklichung reichen. Herzberg unterscheidet zwischen zwei Kategorien von Faktoren: Hygiene und Motivation. Nach McGregor neigen Bosse dazu, ihre Untergebenen gemäß ihren eigenen Vorurteilen zu behandeln. Dabei sind die einen überzeugt, dass die Beschäftigten gelenkt und kontrolliert werden müssen (Theorie X), die anderen hingegen meinen, dass alle Beschäftigten, wenn man sie nur lässt und ermuntert, einen entscheidenden Beitrag leisten können (Theorie Y).
Mögen körperliche und hygienische Faktoren wie Gehälter und Arbeitsbedingungen auch wichtig sein, andere Aspekte sind mindestens ebenso ausschlaggebend für die Einstellung der Arbeitnehmer zu ihrem Beschäftigungsverhältnis. In der Regel ist derjenige besser motiviert, der

- für einen effizienten Arbeitgeber tätig ist,
- eigenständig denken darf,
- das Endresultat seiner Arbeit erkennt und darauf stolz sein kann,
- interessante und anspruchsvolle Aufgaben zugewiesen bekommt,
- Kenntnisse erwirbt, gefragt und geachtet ist,
- für seinen Einsatz Anerkennung erfährt,
- Entwicklungsmöglichkeiten bekommt,
- mit guten und kooperativen Kollegen zusammenarbeitet.

Bedenkenswert ist jedoch auch, dass Unternehmen manchmal vermeintlich Unvereinbares miteinander zu verbinden suchen: Sie verlangen von den Mitarbeitern immer mehr Einsatz und Engagement, während sie gleichzeitig gezwungen sind, Kosten einzusparen. Und das bedeutet gegebenenfalls, dass sie Mitarbeiter entlassen müssen. In solchen Situationen ließe sich argumentieren, dass alle Motivationsfaktoren nichts helfen, solange die grundsätzlichen Hygienefaktoren und Sicherheitsbedürfnisse der Beschäftigten vernachlässigt werden.

4. Gründe für ein Ausscheiden

Unter Umständen empfiehlt es sich, Mitarbeiter, die aus dem Unternehmen ausscheiden, nach ihren Gründen zu fragen oder sie einen Fragebogen ausfüllen zu lassen. Beide Instrumente müssen sorgfältig strukturiert werden und sollten nicht die einzige Informationsquelle darstellen. Eine unfreiwillige Fluktuation hat oft ähnliche Ursachen, und diese dürfen nicht ignoriert werden. Eine Häufung krankheitsbedingter Kündigungen könnte beispielsweise auf problematische Gesundheits- und Sicherheitsbedingungen am Arbeitsplatz hindeuten.

5. Folgen der Fluktuation

Die offensichtlichste Folge einer hohen Fluktuation sind steigende Kosten. Diese fallen in vier konkret fassbare Kategorien:

- Trennungskosten,
- Kosten für eine Übergangsbesetzung,
- Personalbeschaffungskosten,
- Einführungs- und Schulungskosten.

Fluktuation kann zu weiterer Fluktuation führen, indem sie die Moral der verbleibenden Belegschaft beeinflusst. Ergründen Sie die Reaktionen der Beschäftigten mittels geeigneter Befragungen. Fluktuation verursacht zudem Ineffizienzen, nicht zuletzt wegen der durch Kündigungen verursachten Unterbrechungen.

Es gibt eine weitere, weniger fassbare Kategorie – die Fähigkeiten und das Wissen, die dem Unternehmen verloren gehen, wenn ein Mitarbeiter seinen Abschied nimmt. So schwer sich dieser Verlust auch quantifizieren und bewerten lässt, er wirkt sich auf den Informationsaustausch und die Motivation der verbleibenden Mitarbeiter aus.

6. Strategien zur Mitarbeiterbindung

Folgendes können Sie tun:

- Stellen Sie sicher, dass die Vergütungen attraktiv sind.
- Bieten Sie ein breites Spektrum an Vorteilen, wie beispielsweise Freistellungen, Auszeiten, Kinder- und Altenbetreuung.

- Überprüfen Sie Ihre Werbeunterlagen, um sicherzustellen, dass Sie Ihr Unternehmen korrekt beschreiben.
- Achten Sie auf die Qualität Ihres Einführungs- und Schulungsangebots.
- Verbessern Sie die Arbeitsplatzgestaltung, und führen Sie flexible Arbeitsformen wie beispielsweise Jobsharing, flexible Arbeitszeit und Telearbeit ein.
- Entwickeln Sie Richtlinien zur Chancengleichheit.
- Bieten Sie Aufstiegsmöglichkeiten wie beispielsweise »duale Karriereleitern« für technische und leitende Mitarbeiter.
- Verbessern Sie die Qualität von Kontrolle und Management.
- Entwickeln Sie Ihre Mitarbeiter; bieten Sie Ihnen Schulung und Weiterbildung.

Empfehlungen und Warnungen

- Unterscheiden Sie zwischen verschiedenen Fluktuationsarten.
- Beachten Sie den Unterschied zwischen Hygiene- und Motivationsfaktoren, und stellen Sie sicher, dass sie beide berücksichtigen.
- Beobachten Sie den externen Arbeitsmarkt.
- Verteilen Sie klare Zuständigkeiten für die Mitarbeiterentwicklung.
- Analysieren Sie die Gründe für das Ausscheiden von Mitarbeitern.
- Beachten Sie die Wirkung der Fluktuation auf die Motivation der Belegschaft.
- Messen und vergleichen Sie nicht, bevor Sie nicht genau wissen, was Sie erreichen wollen.
- Verschwenden Sie nicht Geld für ein Problem, solange Sie dessen Kern nicht erkannt haben.
- Lassen Sie sich von Gesamtfluktuationsraten nicht täuschen.

Denkanregungen

- Beobachten Sie die Fluktuationsrate?
- Befragen Sie ausscheidende Mitarbeiter?
- Folgt die Fluktuation einem zyklischen, saisonalen oder abteilungsbedingten Muster?
- Vergleichen Sie die in Ihrem Unternehmen gezahlten Vergütungen mit denen vergleichbarer Unternehmen?

Literaturhinweise

- Bevan, Stephen/Linda Barber/Dilys Robinson: *Keeping the Best. A Practical Guide to Retaining Key Employees*, Brighton 1997.
- Bevan, Stephen: »Quit stalling«. In: *People Management* 3:23 (20. November 1997), S. 32–35.
- Buckingham, Marcus / Coffman, Curt: *Erfolgreiche Führung gegen alle Regeln. Wie Sie wertvolle Mitarbeiter gewinnen, halten und fördern*, Frankfurt/New York 2001.

Mitarbeitermotivation in Zeiten des Wandels

Zusammenfassung

Diese Checkliste richtet sich an Manager, deren Aufgabe es ist, Mitarbeiter in einer Phase zu managen, zu motivieren und zu entwickeln, in der die Unternehmensstrukturen und -prozesse einem fortwährenden Wandel ausgesetzt sind.

Im heutigen turbulenten, häufig chaotischen Umfeld hängt kommerzieller Erfolg davon ab, dass die Beschäftigten ihr gesamtes Talent einbringen. Doch trotz der Unzahl an verfügbaren Theorien und Methoden bleibt Motivation für viele Manager ein Geheimnis. Das liegt zum Teil daran, dass Menschen sich von unterschiedlichen Dingen und auf unterschiedliche Weise motivieren lassen. Zudem leben wir in Zeiten, in denen die Verringerung der Unternehmensebenen und die Verflachung der Hierarchien Unsicherheit und eine Verschlechterung der Mitarbeitermoral bewirken können. Darüber hinaus haben mehr Menschen als jemals zuvor Teilzeitstellen oder befristete Arbeitsverträge, und diese Beschäftigten lassen sich häufig besonders schwer motivieren.

Definition

Twyla Dell schreibt über Motivation: »Im Kern bedeutet Motivation, den Menschen das zu geben, was sie sich von der Arbeit am meisten erhoffen. Je mehr Sie in der Lage sind, ihnen das zu geben, was sie wollen, desto eher können Sie von ihnen das erwarten, was Sie sich wirklich wünschen: Produktivität, Qualität und Service.«

(*How to motivate people*, London 1989)

Vorteile

Philosophie und Praxis einer positiven Motivation sollten zur Verbesserung von Produktivität, Qualität und Service beitragen, also sämtlicher entscheidender Faktoren. Motivation hilft den Beschäftigten,

- Ziele zu erreichen,
- eine positive Sichtweise zu gewinnen,
- die zur Veränderung nötige Kraft zu erzeugen,
- Selbstbewusstsein und Fähigkeiten zu entwickeln,
- ihre eigene Entwicklung zu managen und andere in ihrer Entwicklung zu unterstützen.

Nachteile

Eine erfolgreiche Mitarbeitermotivation ist nicht mit wirklichen Nachteilen verbunden, es gilt jedoch, zahlreiche Hindernisse zu überwinden.

Bei diesen Hindernissen kann es sich um unachtsame oder abwesende Manager, ungeeignete Gebäude, veraltete Geräte und tiefsitzende Einstellungen handeln, wie beispielsweise:

- »Wir werden für Zusatzarbeit nicht bezahlt.«
- »Wir haben es immer schon so gemacht.«
- »Unsere Bosse haben keine Vorstellung von dem, was wir tun.«
- »Das steht so nicht in meiner Arbeitsplatzbeschreibung.«
- »Ich werde so wenig wie möglich tun, ohne gefeuert zu werden.«

Solche Einstellungen lassen sich nur mit Überzeugungskraft, Ausdauer und Erfahrung ändern.

Aktionsplan

1. Lektüre

Machen Sie sich mit Herzbergs Hygienetheorie, McGregors XY-Theorie und Maslows Bedürfnishierarchie vertraut. Auch wenn diese Theorien schon ein paar Jahre alt sind, haben sie bis heute Gültigkeit. Lesen Sie eine Kurzzusammenfassung ihrer wichtigsten Prinzipien; dieses Wissen wird Ihnen helfen, ein Klima der Ehrlichkeit, Offenheit und des Vertrauens zu schaffen.

2. Motivation

Finden Sie heraus, welche Faktoren Ihrer Arbeit für Sie persönlich am wichtigsten sind und wie diese miteinander zusammenhängen. Was hat Sie in der Vergangenheit motiviert oder entmutigt? Was motiviert Ihre Familie und Ihre Freunde? Ist Geld wirklich ein wirksamer Motivationsfaktor? Echte Verantwortung, positive Unterstützung, wenn etwas schief geht, und die Erfüllung eines Bedürfnisses nach Bedeutung, Zugehörigkeit und Entwicklung können mindestens ebenso stark, wenn nicht noch stärker motivieren.
Machen Sie sich den Unterschied zwischen echten Motivationsfaktoren mit Langzeitwirkung und kurzfristigen Anreizen klar. Wenn ein neuer Teekocher in der Kantine, Urlaubsanspruch oder gar private Gesundheitsvorsorge für Sie keine überzeugenden Motivationsanreize sind, dann gilt das Gleiche vermutlich auch für Ihre Mitarbeiter.

3. Mitarbeitererwartungen

Ihre Mitarbeiter wünschen sich möglicherweise einen besseren Status, höhere Bezahlung, idealere Arbeitsbedingungen und diverse Lohnzusatzleistungen. Finden Sie heraus, was Ihre Beschäftigten wirklich wollen, indem Sie sie in Leistungsbeurteilungen, Einstellungs- und informellen Gesprächen fragen, was sie sich am meisten von ihrer Tätigkeit erhoffen.
Wünschen sie sich beispielsweise

- eine interessantere Tätigkeit,
- effizientere Chefs,
- mehr Gelegenheit, das Endresultat ihrer Arbeit zu sehen,
- mehr Beteiligung,

- mehr Anerkennung,
- eine anspruchsvollere Tätigkeit,
- mehr Entwicklungsmöglichkeiten?

4. Präsenz

Machen Sie jeden Tag jemanden ausfindig, der seine Arbeit gut macht, und sagen Sie ihm das. Achten Sie darauf, dass Ihr Interesse echt ist, ohne dass Sie übertrieben oder aufdringlich wirken. Wenn Sie Ideen haben, wie die Arbeit der Beschäftigten verbessert werden kann, sollten Sie diese nicht sofort hinausschreien, sondern den Betreffenden helfen, selbst darauf zu kommen. Erwerben Sie sich Respekt, indem Sie ein gutes Beispiel geben; Sie müssen nicht unbedingt alles besser können als Ihre Mitarbeiter. Machen Sie deutlich, welchen Grad an Unterstützung die Beschäftigten erwarten können.

5. Motivationskiller

Finden Sie die Faktoren heraus, die Ihren Mitarbeitern die Motivation rauben – diese mögen realer Natur sein (Gebäude, Geräte) oder aber psychologischer (Langeweile, fehlende Fairness, Beförderungshindernisse, mangelnde Anerkennung). Bei einigen Faktoren lässt sich schnell und einfach Abhilfe schaffen; andere erfordern mehr Planung und Ausarbeitungszeit. Schon allein der Umstand, dass Sie sich bemühen herauszufinden, was nicht stimmt, und etwas dagegen tun wollen, ist in sich selbst schon ein Motivationsfaktor.

6. Unterstützung

Ganz gleich, ob in Ihrer Art von Arbeitskultur Fehler übel genommen und bestraft oder ob sie als Lernchancen begriffen werden: Ihre Mitarbeiter müssen wissen, in welchem Umfang sie mit Unterstützung rechnen können. Es muss ihnen klar sein, wie flexibel sie die Regeln auslegen und welche Initiativen sie ergreifen dürfen, um aus den eingefahrenen Arbeitsweisen auszubrechen, ohne dass ihnen deshalb die erforderliche Unterstützung versagt wird. Motivationspraxis und Beziehungsaufbau scheitern häufig daran, dass die Mitarbeiter die erwartete Unterstützung vermissen.

7. Geldwerte Anreize

Viele Menschen behaupten, dass sie für Geld arbeiten, und sie beteuern in Gesprächen, dass sie die Lohnzusatzleistungen als Anreiz empfinden. Aber in Wirklichkeit steht Geld ziemlich weit unten auf der Liste der Motivationsfaktoren, und die gesteigerte Motivation hält nach einer Gehaltserhöhung meist nicht lange an. Lohnzusatzleistungen können nützlich sein, um neue Arbeitnehmer anzulocken, aber sie helfen in der Regel wenig, um bereits angestellte Mitarbeiter zu motivieren, ihr Potenzial effektiver einzubringen.

8. Konkrete Maßnahmen

Nachdem Sie Ihre Mitarbeiter konsultiert haben, können Sie in Abstimmung mit der Belegschaft und den Gewerkschaften Maßnahmen ergreifen, um die Vorgehensweise und die Einstellung Ihres Unternehmens zu verändern. Möglichkeiten sind: flexiblere Arbeitszeiten, Belohnungen, Beförderungen, Schulung und Entwicklung sowie verstärkte Partizipation.

9. Veränderungsmanagement

Willensbekundungen sind eine Sache, die konkrete Umsetzung eine andere. Wenn das Gefühl mangelnder Motivation tief sitzt, müssen Sie möglicherweise den gesamten Managementstil des Unternehmens unter die Lupe nehmen. Zu den natürlichen Instinkten des Menschen gehört, dass er Veränderungen auch dann ablehnt, wenn sie zu seinem Nutzen sind. Die Art und Weise, wie Veränderungen eingeführt werden, trägt zur Motivation oder Demotivation bei. Wenn Sie

- diktieren oder einen Monolog halten, dann ignorieren Sie die Hoffnungen, Ängste und Erwartungen Ihrer Mitarbeiter;
- die Leute lediglich zu überreden versuchen, helfen Ihnen auch Ihre tiefsten Überzeugungen nichts, solange Sie keine echte Diskussion zulassen;
- Ihre Leute konsultieren, wird man es merken, wenn Sie bereits eine vorgefasste Meinung haben;
- echte Partizipation und gemeinschaftliche Problemlösung und Entscheidungsfindung zusammen mit denjenigen suchen, die die Veränderung implementieren sollen, dann und nur dann können Sie auf Engagement, Einsatz und die nötige Bereitschaft zu Anpassung und Kompromissen hoffen.

10. Lernpräferenzen

Jede Veränderung setzt einen Lernprozess voraus. Die wenigsten Menschen lernen am besten aus Büchern oder in Kursen; in der Regel lernen sie eher durch Praxis und Erfahrung. Denken Sie zurück, wie Sie Fahrrad fahren und schwimmen gelernt haben. Manche Menschen ziehen es vor, etwas auszuprobieren, bevor sie darüber nachdenken, andere finden es hilfreicher zu lesen und zu reflektieren, bevor sie sich in die Praxis stürzen.

In ihrem *Manual of Learning Styles* (1992) unterscheiden Peter Honey und Alan Mumford vier grundlegende Lernstile:

- der Aktivist – befasst sich liebend gern mit neuen Problemen, Erfahrungen und Gelegenheiten. Er hat wenig dafür übrig, am Rande zu stehen, zu beobachten und unparteiisch zu bleiben;
- der Theoretiker – bevorzugt Konzepte und Theorien. Er mag es nicht, ohne erkennbaren Grund ins kalte Wasser geworfen zu werden;
- der Gewissenhafte – lässt sich Zeit, um die Dinge zu durchdenken. Er mag es nicht, wenn man ihn drängt, sich von einer Sache gleich in die nächste zu stürzen;
- der Pragmatiker – benötigt eine Verbindung zwischen dem Gegenstand und der betreffenden Tätigkeit. Er lernt am besten, wenn er etwas ausprobieren kann.

Wir alle lernen mit unterschiedlichen Stilen, Präferenzen und Ansätzen, und so werden auch Ihre Mitarbeiter am besten auf Anregungen und Vorschläge reagieren, die ihre Präferenzen berücksichtigen. Der Versuch, jemanden gegen seinen Willen zu fördern, endet in der Regel nur mit Demotivation.

11. Feedback

Feedback gehört zu den wichtigsten Elementen im Motivationszyklus. Lassen Sie Ihre Mitarbeiter über ihre Entwicklungen und ihren Leistungsstand nicht im Unklaren. Beurteilen Sie diese korrekt und fair, und behalten Sie dabei stets die nächsten Schritte und die Zukunftsziele im Auge.

Empfehlungen und Warnungen

- Bedenken Sie, dass Sie nicht alle Antworten kennen.
- Bemühen Sie sich herauszufinden, was andere wünschen, und zeigen Sie echtes Interesse.

- Führen und ermuntern Sie Ihre Mitarbeiter – zwingen Sie sie nicht.
- Sagen Sie Ihren Mitarbeitern, was Sie denken.
- Spekulieren Sie nicht über die Motive anderer.
- Gehen Sie nicht davon aus, dass alle wie Sie sind.
- Zwingen Sie niemanden zu seinem Glück.
- Vergessen Sie nicht, für Inspiration und Begeisterung zu sorgen.
- Delegieren Sie keine Tätigkeiten – delegieren Sie Zuständigkeiten!

Denkanregungen

- Menschen haben nicht unbedingt etwas gegen ein schaukelndes Boot, solange sie wissen, wohin die Fahrt geht, und solange ihnen die Richtung passt.
- Mitarbeiter wollen Führung, nicht Diktat.
- Sie stecken Ihre Mitarbeiter mit Ihrer Arbeitsmoral an, ob Sie es wollen oder nicht.
- Vertrauen Sie darauf, dass Ihre Mitarbeiter Ihre Erwartungen um 25 Prozent übertreffen.

Literaturhinweise

- Dell, Twyla: *How to Motivate People*, London 1989.
- Harvey, Christine: *Erfolgreiche Motivation in 7 Tagen. Begeisterung wecken, Loyalität schaffen, Leistungspotentiale ausschöpfen*, Landsberg/Lech 1998.
- Honey, Peter/Alan Mumford: *Manual of Learning Styles*, 3. Aufl., Maidenhead 1992.
- Pugh, Derek S./David J. Hickson/Christopher R. Hinings: *Writers on Organisations*, Harmondsworth 1983.
- Sonnenholz, Dieter A.: *Mitarbeiter-Reanimation. So fördern Sie Motivation, Eigenverantwortung und unternehmerisches Denken*, Frankfurt/New York 1999.
- Sprenger, Reinhard K.: *Mythos Motivation. Wege aus einer Sackgasse*, 17. Aufl., Frankfurt/New York 2002.

Präsentation: Vorbereitung

Zusammenfassung

Diese Checkliste richtet sich an jeden, der irgendeine Form von Präsentation zu halten hat. Behandelt werden alle Stadien der Vorbereitung eines Vortrags, von der Annahme der Einladung bis zur Inspektion des Veranstaltungsorts. Das Vortragsereignis selbst ist Gegenstand einer gesonderten Checkliste.

Definition

Im Rahmen dieser Checkliste ist mit Präsentation jeder formelle oder informelle Vortrag vor einer Gruppe gemeint, vom Briefing Ihres Teams bis zur großen Rede – die Regeln und Prinzipien sind jedes Mal dieselben.

Aktionsplan

1. Zusageentscheidung

Entscheiden Sie selbst, ob Sie der geeignete Kandidat sind, um diese Präsentation zu halten. Haben Sie ausreichend Zeit für die Vorbereitung? Möglicherweise benötigen Sie für jede Minute des Vortrags im Vorfeld dreißig bis sechzig Minuten Vorbereitungszeit. Interessiert Sie das Thema? Reicht Ihr Wissen aus, um gegebenenfalls auch auf schwierige Fragen zu antworten? Wenn nicht, dann ist es besser, Sie sagen ab!

2. Klärung der Details

Finden Sie heraus, welche Dauer vorgesehen ist und wie das genaue Thema lauten soll. Ist mit abschließenden Fragen zu rechnen? Gibt es weitere Vortragende? Worüber werden diese sprechen, und wie fügt sich Ihre Präsentation in die übrigen ein?

3. Publikum

Die Zuhörer sind gewissermaßen Ihre Kunden. Machen Sie sich ein Bild von ihren Erwartungen: Wollen sie informiert, unterhalten oder herausgefordert werden? Wie viele werden es sein? Wo kommen sie her, und welche Hintergründe haben sie jeweils? Welchen Wissensstand bringen sie mit?

4. Zweckbestimmung

Die Art der Präsentation richtet sich nach den identifizierten Bedürfnissen des Publikums. Folgende Ziele sind denkbar:

- Überzeugung – eine Verkaufsveranstaltung;
- Instruktion – wenn Sie sich in Ihrem Thema auskennen;
- Inspiration – als Teil eines Veränderungsprogramms;
- Unterhaltung – wenn Sie natürlichen Witz besitzen.

5. Materialbeschaffung

Tragen Sie alles zusammen, was mit Ihrem Thema zu tun hat: Ideen, Artikel, Zitate, Anekdoten und Fundstellen. Sammeln und Sortieren sind zweierlei; während Sie das Material zusammentragen, sollten Sie nicht versuchen, es bereits zu strukturieren.

6. Sichtung des Materials

Sichten Sie anschließend das Material. Ordnen Sie es nach Themen und Stichworten. Tauchen bestimmte Begriffe und Analogien immer wieder auf?

7. Entwurf

Erstellen Sie einen vorläufigen Plan. Teilen Sie das Material in »Beginn«, »Mittelteil« und »Abschluss« auf.

8. Rohfassung

Formulieren Sie anhand des vorläufigen Plans eine Rohfassung. Schreiben Sie diese in einem Zug und versuchen Sie nicht, eine bestimmte Struktur einzuhalten. Erzählen Sie Ihren Zuhörern zu Beginn, was Sie sagen wollen, führen Sie es dann aus, und fassen Sie das Gesagte zum Schluss noch einmal zusammen. Versuchen Sie, sich auf fünf – höchstens sieben – wichtige Punkte zu beschränken.

9. Ausarbeitung

Überschlafen Sie die Rohfassung und schauen Sie sich diese am nächsten Tag an. Verwandeln Sie das geschriebene Wort in ein gesprochenes: Gestalten Sie den Text konkreter, einfacher und bildhafter. Verwenden Sie anekdotische Einlagen. Verkürzen Sie Sätze und streichen Sie nebensächliche Ideen und überflüssige Wörter. Vermeiden Sie fachsprachliche Ausdrücke, wo immer es geht, oder versehen Sie sie andernfalls mit Definitionen. Checken Sie die Redezeit – ein Vortrag vor Publikum dauert länger als der Bericht an einen Freund.

10. Verfeinerung

Gehen Sie den Präsentationsentwurf mehrmals durch, am besten vor einem Testpublikum. Sammeln Sie Echo und Kritik bezüglich Inhalt, Stil und Vortragsweise. Bitten Sie Ihre Zuhörer, den Vortrag nicht zu unterbrechen, sondern sich währenddessen Notizen zu machen.

11. Stichworte

Wenn Sie die Präsentation frei halten wollen oder müssen, sollten Sie den Entwurf erneut durchgehen und Schlüsselwörter und -sätze markieren. Diese bilden die Basis für Ihren Vortrag und möglicherweise für den Einsatz visueller Hilfsmittel. Üben Sie die ausschließliche Verwendung dieser Stichworte, und verinnerlichen Sie die Gedanken, die dahinter stehen. Wenn Sie ausreichende Sicherheit erlangt haben, übertragen Sie die Stichworte auf nummerierte Karten. Üben Sie weiter und reduzieren Sie allmählich die Zahl der Stichworte. (Gelegentlich benötigen Sie eine ausformulierte Vorlage – wenn beispielsweise die Presse zugegen ist, oder bei sehr formellen Anlässen.)

12. Auswahl geeigneter Hilfsmittel

Die verwendeten Hilfsmittel sollten

- sich harmonisch in Ihren Vortrag einfügen – Ihrem natürlichen Vortragsstil entsprechen;
- die Präsentation bereichern – relevante Zusatzinformationen liefern oder das Gesagte zusammenfassen, sodass Sie möglicherweise auf ein ausformuliertes Skript verzichten können;
- professionell wirken – klar, lesbar und konsistent sein;
- der Situation entsprechen – aufwändige Farbfolien sind für eine kleine informelle Runde möglicherweise übertrieben;

- ihren Inhalt einfach darstellen – von den hintersten Zuhörerreihen aus gut lesbar sein;
- gegebenenfalls grafische Elemente enthalten – Symbole, Zeichnungen und Diagramme können den mündlichen Vortrag unterstützen.

Das Spektrum der verfügbaren Hilfsmittel wird immer größer, von Schautafeln über Folien bis zu Multimediavorführungen und Computergrafiken. Am häufigsten werden heutzutage Vorlagen verwendet, die mit PowerPoint erstellt und mittels eines, an einen LCD-Projektor angeschlossenen Computers vorgeführt werden. Klären Sie mit den Veranstaltern ab, ob LCD-Projektor und Leinwand zur Verfügung stehen.

13. Proben

Üben Sie im Kopf, vor einem Spiegel oder in Anwesenheit von Freunden (die mit Sicherheit Ihre unerbittlichsten Kritiker sind!). Achten Sie auf alle schlechten Angewohnheiten, die Sie vermeiden müssen, und auf Dinge, die Sie ständig im Geiste wiederholen sollten: »Nicht die Hände in die Hosentaschen stecken!«, »Freundlich blicken!«. Notieren Sie diese Ermahnungen auf einem Kärtchen, das Sie während der Präsentation sichtbar vor sich liegen haben.

14. Vortragsort

Sitzen Sie auf den Zuschauerplätzen Probe, und prüfen Sie, ob die visuellen Hilfsmittel von dort aus gut zu erkennen sind. Setzen oder stellen Sie sich an die Stelle, von der aus Sie die Präsentation halten werden, und prüfen Sie, ob Sie die Geräte bedienen können. Kennen Sie sich mit dem Mikrofon aus?

Empfehlungen und Warnungen

- Üben Sie so viel wie möglich. Bitten Sie andere um Echo und Kritik.
- Vergleichen Sie beständig den Zweck Ihrer Präsentation mit dem Text: Erfüllen Sie die Erwartungen Ihrer Zuhörer?
- Denken Sie daran: Eine gründliche Vorbereitung ist ausschlaggebend, um Nervosität zu vermeiden und den Erfolg der Präsentation zu gewährleisten.
- Lassen Sie das Publikum Ihre Begeisterung für das Thema spüren – versuchen Sie, Ihre Zuhörer anzustecken.
- Versuchen Sie nicht, sich Ihr Material aus den Fingern zu saugen: Schauen Sie sich nach Anregungen von außen um.

- Verwenden Sie visuelle Hilfsmittel nicht einzig ihres Unterhaltungswerts wegen oder weil Sie nicht darauf verzichten wollen.
- Betrachten Sie nichts als selbstverständlich: das Thema, die Zuhörer, deren Wissensstand, den Veranstaltungsort, die Ausrüstung.

Denkanregungen

- Haben Sie nur deshalb zugesagt, weil man Sie gefragt hat? Wenn ja, reichen Ihr Wissen und Ihr Interesse an dem Thema aus, um das Publikum zu begeistern?
- Versuchen Sie womöglich, Ihre Präsentation mit zu viel Inhalt zu überfrachten? Ihre Zuhörer können höchstens sieben Schlüsselthesen verarbeiten.

Literaturhinweise

- Bernstein, David: *Die Kunst der Präsentation. Wie Sie einen Vortrag ausarbeiten und überzeugend darbieten*, München 1995.
- Forsyth, Patrick: *Making Successful Presentations*, London 1995.
- Janner, Greville: *Janner's Complete Speechmaker*, 5. Aufl., London 1999.
- Owen, Michael D.: *I Hate Giving Presentations. Your Essential Confidence Booster*, Ely 1997.
- Peel, Malcolm: *Erfolgreich präsentieren in 7 Tagen. Optimal vorbereiten, selbstbewusst auftreten, fesselnd vortragen*, Landsberg/Lech 1998.
- Püttjer, Christian/Uwe Schnierda: *Optimal präsentieren. So überzeugen Sie mit Körpersprache*, Frankfurt/New York 2001.

Präsentation: Vortrag

Zusammenfassung

Diese Checkliste beschreibt, wie eine – informelle oder formelle – Präsentation zu halten ist.

Definition

Im Rahmen dieser Checkliste ist mit Präsentation jeder formelle oder informelle Vortrag vor einer Gruppe gemeint, vom Briefing Ihres Teams bis zur großen Rede – die Regeln und Prinzipien sind unabhängig von der Zahl der Adressaten jedes Mal dieselben.

Aktionsplan

1. Richtiger Stil

Die Größe des Publikums und der Zweck der Präsentation bestimmen Ihren Stil. Beschaffen Sie sich genaue Informationen über die Zahl der Zuhörer: Ein Publikum, das dem einen Vortragenden groß vorkommt, ist für den anderen eine kleine Gruppe.

- Bei fünf bis zehn Leuten empfiehlt sich ein informeller Stil ohne großartige visuelle Hilfsmittel. Setzen Sie sich locker auf eine Tischkante und beziehen Sie alle Anwesenden von Anfang an mit ein.
- Bei zehn bis 30 Zuhörern sollten Sie einen etwas formelleren Stil wählen, können aber immer noch eine Beziehung zu allen Anwesenden herstellen. Am besten stellen Sie sich hin und verwenden das eine oder andere visuelle Hilfsmittel.
- Bei 30 bis 100 Teilnehmern benötigen Sie gute Präsentationshilfen und sollten einen formellen Stil wählen. Es wird schwierig, jeden einzelnen Zuhörer gesondert wahrzunehmen.
- Bei einem über hundertköpfigen Publikum wird aus der Präsentation so etwas wie eine Theatervorstellung: Sie befinden sich auf einer Bühne und verwenden ein Mikrofon, damit Sie von der Masse über-

haupt gehört werden. Um Wirkung zu erzielen, müssen Sie Ihre Mimik und Ihre Körpersprache übertreiben.

2. Schauplatz

Überprüfen Sie im letzten Moment noch einmal die Technik: Beherrschen Sie den Umgang mit Mikrofon und Projektor? Sind Ihre visuellen Hilfsmittel lesbar? Wer wird Sie wann vorstellen? Steht ein Glas Wasser bereit?

3. Äußere Erscheinung

Ihr Erscheinungsbild darf nicht von der Botschaft ablenken. Ihre Kleidung sollte zurückhaltend und gepflegt sein. Stimmen Krawatte, Schuhe, Make-up?

4. Erstes Auftreten

Sobald Sie vorgestellt wurden, machen Sie eine Pause. Sie holen tief Luft, blicken in die Runde, stellen Augenkontakt her und nehmen Ihre Zuhörer demonstrativ wahr. Sie entspannen sich und richten sich auf. Machen Sie ein freundliches Gesicht!

5. Einführung

Erklären Sie, warum Sie da sind, und was Ihnen das Recht zum Sprechen gibt. Bestätigen Sie die Erwartungen des Publikums; kündigen Sie an, worüber Sie sprechen werden. Beseitigen Sie am besten alle Unklarheiten und Zweifel gleich zu Beginn: Es ist immer möglich, dass Sie am falschen Ort sind!

6. Beteiligung der Zuhörer

Wecken Sie die Aufmerksamkeit der Zuhörer, indem Sie ein visuelles Hilfsmittel oder etwas Unerwartetes verwenden. Stellen Sie eine Frage, es kann auch eine rhetorische sein. Bringen Sie zum Ausdruck, dass Sie ihre Sorgen und Erwartungen verstehen. Lenken Sie die Aufmerksamkeit auf das Publikum zurück – auf diese Weise lindern Sie Ihr Lampenfieber.

7. Persönlichkeit

Sie überzeugen nicht mit Fakten, sondern mit Gefühlen. Bringen Sie das, was Sie sagen wollen, mit echter Überzeugung vor und lassen Sie Ihre Gefühle durchscheinen. Auch das hilft Ihnen, Ihr Lampenfieber zu überwinden.

8. Positive Körpersprache

Stehen Sie aufrecht. Lehnen Sie sich nicht auf das Rednerpult und spielen Sie nicht mit Haaren, Krawatte, Schmuck oder Kleidung. Wenn Ihnen das Reden im Gehen leichter fällt, machen Sie natürliche Bewegungen, und setzen Sie Ihre Hände wie im Gespräch zur Betonung ein. Zeigen Sie Ihre gewohnte Mimik und machen Sie ein freundliches Gesicht!

9. Stimme

Bringen Sie Ihre Stimme optimal zur Geltung, indem Sie gerade stehen und tief atmen. Artikulieren Sie klarer und deutlicher als sonst. Wenn Sie nervös sind, können Sie versuchen, Ihre Stimme etwas tiefer anzusetzen. Denken Sie an Ihre eigenen sprachlichen Manierismen, und versuchen Sie, diese bewusst zu vermeiden. Wenn Sie den Faden oder die Nerven verlieren, ist es besser, eine Pause einzulegen, als ständig »hm« und »äh« zu sagen.

10. Abwechslung

Variieren Sie das Tempo des Vortrags und die Tonlage Ihrer Stimme. Klangmodulation und Emphase wirken auch dann, wenn sie Ihnen selbst übertrieben vorkommen. In einer langen Präsentation können Sie von Zeit zu Zeit eine richtige Pause einlegen – das Publikum braucht Zeit, um das Gehörte zu verarbeiten, und Sie, um zu reflektieren: Sind Sie zu schnell? Haben Sie, ohne es zu merken, die Hände in den Hosentaschen vergraben?

11. Beziehung zum Publikum

Halten Sie mit dem Publikum stets Augenkontakt und orientieren Sie sich an den Zuhörern, die Sie kennen, oder von denen Sie spüren, dass sie Ihnen wohl gesonnen sind. Weisen Sie auf die Bedeutung Ihrer Präsentation für die Zuhörer hin und vermeiden Sie eine allzu häufige Verwendung der ersten Person.

12. Humor
Wenn Sie sich Ihrer Sache sicher sind, können Sie die Stimmung mit Humor auflockern. Setzen Sie ihn jedoch nicht um seiner selbst willen ein, sondern lediglich zur Untermalung des Textes. Auf keinen Fall darf Humor auf Kosten einzelner Zuhörer gehen.

13. Überraschungen
Unterbrechungen oder Fehler werden den Zuhörern nicht verborgen bleiben, letzten Endes zählt jedoch, wie Sie damit umgehen. Ignorieren Sie Unterbrechungen nicht, sondern gehen Sie darauf ein, und versuchen Sie, sie mit Humor zu entschärfen.

14. Improvisation
Eine gründliche Vorbereitung ist zwar unerlässlich, aber sie kann auch bewirken, dass Ihr Vortrag zu steif, glatt oder trocken wirkt. Versuchen Sie, die Stimmung und die Atmosphäre des Publikums aufzugreifen.

15. Schlussfolgerung
Jede Präsentation braucht einen Abschluss. Er sollte kurz und bündig sein und in Bezug auf Tonfall, Energie und Inhalt einen Höhepunkt bilden. Das Publikum sollte sich am Ende nach etwas mehr sehnen.

16. Fragen
Fordern Sie Ihre Zuhörer auf, Fragen zu stellen. Wiederholen Sie jede Frage, damit jeder sie hören kann. Wenn Sie eine Antwort nicht wissen, sollten Sie das geradeheraus sagen und sich Name und Anschrift des Fragestellers geben lassen, um eine Antwort nachzuliefern. Vermeiden Sie Spekulationen und Diskussionen.

Empfehlungen und Warnungen
- Geben Sie sich natürlich: Lassen Sie Ihre eigene Persönlichkeit durchscheinen und versuchen Sie nicht, den Präsentationsstil anderer zu imitieren.
- Beginnen und enden Sie pünktlich – oder vorzeitig, falls Fragen zu erwarten sind. Andernfalls verspielen Sie die Sympathien Ihrer Zuhörer, unabhängig von der inhaltlichen Qualität Ihres Vortrags.
- Verwenden Sie Handouts, um detailreiche oder komplexe Ideen darzustellen, anstatt ihre Präsentation damit zu überfrachten.

- Beschränken Sie sich auf einen Stoffumfang, den Sie in der gegebenen Zeit präsentieren können, ohne am Ende das Sprechtempo anziehen zu müssen.
- Setzen Sie Humor nur mit Bedacht und niemals auf Kosten von Anwesenden ein – Sie selbst sind das einzig legitime Ziel im Raum.
- Verwenden Sie nicht zu viele visuelle Hilfsmittel. Damit lenken Sie nur die Zuhörer ab, ohne dass Ihr Vortrag dadurch gewinnt.

Denkanregungen

- Ist Ihr Vortrag in all seinen Teilen mit Titel und Zweck der Veranstaltung konsistent?
- Verwenden Sie ausschließlich visuelle Hilfsmittel, die das gesprochene Wort tatsächlich bereichern?
- Haben Sie Länge, Unterhaltungswert und Überzeugungskraft Ihrer Präsentation an einem Versuchspublikum getestet?
- Haben Sie mit den vorgesehenen visuellen Hilfsmitteln bereits zuvor gearbeitet?
- Kennen Sie Ihre Zuhörer und wissen Sie, wie zahlreich sie erscheinen werden?

Weiterführende Informationen

- Janner, Greville: *Janner's Complete Speechmaker*, 5. Aufl., London 1999.
- Jay, Ros: *Überzeugend präsentieren. Top-Tools für Führungskräfte*, München/Amsterdam 2001.
- Kuhlmann, Martin: *Last-Minute-Programm für Vortrag und Präsentation*, Frankfurt/New York 1999.
- Peel, Malcolm: *Erfolgreich präsentieren in 7 Tagen. Optimal vorbereiten, selbstbewusst auftreten, fesselnd vortragen*, Landsberg/Lech 1998.
- Püttjer, Christian/Uwe Schnierda: *Optimal präsentieren. So überzeugen Sie mit Körpersprache*, Frankfurt/New York 2001.
- Thiele, Albert: *Überzeugend präsentieren*, 2. Aufl., Berlin/Heidelberg 2000.
- Zelazny, Gene: *Das Präsentationsbuch*, Frankfurt/New York 2001.

Projektmanagement

Zusammenfassung

Diese Checkliste beschreibt die verschiedenen Schritte des Projektmanagements und bietet allen Managern, die mit einem Projekt befasst sind, ein geeignetes Rahmenkonzept.
Projektmanagement wird üblicherweise als ein spezieller Prozess verstanden, der sich vom allgemeinen Management ebenso unterscheidet wie vom Veränderungsmanagement. In der Vergangenheit lag der Schwerpunkt des Projektmanagements auf der Verrichtung einer definierten Tätigkeit in einem gegebenen Zeit- und Kostenrahmen. In jüngerer Zeit hat sich das Augenmerk auf die Qualität und das Endresultat für den Kunden verlagert.

Definition

»Projektmanagement ist eine spezielle Managementtechnik zur Planung und Überprüfung von Projekten ... Ein Projekt gilt im Allgemeinen als erfolgreich, wenn es innerhalb eines bestimmten zeitlichen, finanziellen und qualitativen Rahmens die Vorgaben des Kunden erfüllt und das Gewünschte leistet, beziehungsweise ein bestimmtes Problem löst.«
(Rory Burke, *Project Management – Planning and Control Techniques*, 3. Auflage, Chichester 2001)

Vorteile

Projektmanagement bietet

- die Möglichkeit, plötzliche, revolutionäre oder zielgerichtete Veränderungen herbeizuführen;
- einen geeigneten Ansatz, um einmalige Aufgaben zu lösen;
- eine realistische Methode zur Bewertung eines neuen Schemas.

Nachteile

- Projekte erfordern häufig über einen bestimmten Zeitraum hinweg umfangreiche Ressourcen – insbesondere Geld und Personal.
- Projekte verbrauchen in der Regel mehr Ressourcen als erwartet.
- Projekte können den veranschlagten Zeitrahmen deutlich sprengen.

Aktionsplan

1. Ziele definieren

Wesentlich für das Management eines jeden erfolgreichen Projekts ist, dass über folgende Punkte Klarheit und Einigkeit besteht:

- was erreicht werden soll;
- wie das Ergebnis aussehen soll oder was als Ergebnis abgeliefert werden soll;
- Fristen und Budgets für die Vollendung des Projekts durch Projektsponsor und Projektmanager.

Wenn klare Ziele fehlen, steht das Projekt von Beginn an unter einem schlechten Stern.

2. Projektmanager

Der Projektmanager muss jemand sein, der Erfahrungen vorweisen kann, geachtet ist und in der Unternehmensspitze etwas bewegen kann. Er sollte es verstehen,

- alle Aspekte eines Projekts zu planen und zu vermitteln;
- mit Integrität, Feingefühl und Fantasie Motivation zu erzeugen;
- aus gemeinsamer Entscheidungsfindung Produktivität und Vertrauen zu gewinnen;
- zu führen – entweder durch das eigene gute Beispiel oder auch, wenn es nötig erscheint, durch die Zurücknahme der eigenen Person;
- Kosten, Effizienz und Qualität ohne exzessive Bürokratie zu kontrollieren;
- Dinge auf Anhieb zu meistern, ohne ein Sklaventreiber zu sein;
- zur richtigen Zeit die richtigen Mitarbeiter mit den richtigen Aufgaben zu betrauen;
- das Projekt mit speziellen sowie mit allgemeinen Managementtechniken zu leiten;
- ein klares Verständnis für komplexe Zusammenhänge zu entwickeln.

3. Aufgabenstellung

Die Aufgabenstellung legt die Ziele, den Umfang, den Zeitrahmen und die zu Beginn erforderlichen Ressourcen fest. Außerdem sollten Risiken, Beschränkungen und Annahmen konkretisiert werden. Man sollte zudem für den Fall vorsorgen, dass die Kosten explodieren oder das Projekt aus dem Ruder läuft, und bestimmte Sicherheitsmargen einbauen.

4. Projektstruktur

Nachdem Sie beschlossen haben, was mit dem Projekt bezweckt wird, müssen Sie klären, wie das funktionieren soll.

Die Projektstruktur bildet die Basis für fast alles, was folgt: Planung, Budgetfestlegung, Kontrolle und Verantwortungszuweisung. Es ist wichtig, das Projekt in identifizierbare Phasen und anschließend in kontrollierbare Handlungseinheiten zu zerlegen. Die Aufgliederung des Projekts in handlichere Abschnitte macht es einfacher, die Arbeit abzuschätzen, zu planen und zu kontrollieren. Legen Sie so früh wie möglich eine Zeitschiene an die einzelnen Arbeitseinheiten an, und achten Sie dabei auf die Unterscheidung zwischen sequentiellen Einheiten (die nur nacheinander ablaufen können) und überlappenden Einheiten (die parallel ablaufen können).

5. Qualität

Die Qualitätsplanung muss sowohl auf die Details als auch darauf achten, dass das Projektergebnis das Erwartete leistet oder »seinem Zweck gerecht wird«. Die Projektstruktur sollte Mikroindikatoren für die Leistungsmessung einzelner Einheiten oder Phasen sowie Makroindikatoren für das Gesamtresultat enthalten. Qualitätskriterien (systematische Vergleiche mit festgelegten Standards) sollten von Anfang an in den Prozess integriert werden, nicht erst später, wenn (möglicherweise) die ersten Dinge schief gehen. Die folgenden Schritte kann das Projekt durchlaufen:

Standards festlegen → Leistung kontrollieren → Korrekturmaßnahmen ergreifen.

Entscheidend ist, dass Sie effektive Qualitätssicherungen verwenden, die vorbeugend wirken, sodass Sie bereits im ersten Anlauf zum Ziel kommen.

6. Kostenplanung

Die Kostenplanung ist ein Schlüsselbereich, bei dem der häufigste Fehler in der Unterschätzung der Kosten besteht. Zu den typischen Kostenfaktoren gehören:

- Mitarbeiterzeit und -gehälter – in der Regel der größte Kostenfaktor;
- Allgemeinkosten;
- Material;
- Anlagen und Ausrüstung – die Vor- und Nachteile des Leasings im Vergleich zum Kauf mit anschließender Wertminderung;
- Verwaltung – Beschaffung, Buchführung, Protokollierung.

Ein gutes Budget macht es möglich, die Kosten schon während des laufenden Projekts zu kontrollieren.

7. Zeitpläne

Um die kürzeste Zeit zu ermitteln, die für die Vollendung des Projekts erforderlich ist, benötigen Sie folgende Angaben:

- den frühesten Zeitpunkt, an dem eine Phase oder eine Arbeitseinheit beginnen kann;
- die Dauer jeder Phase;
- den spätesten Zeitpunkt, an dem eine Phase beendet sein muss.

Gantt-Diagramme, PERT-Diagramme und die CPM-Methode sind nur einige unter vielen Techniken des Projektmanagements, die bei der effektiven Erstellung von Zeitplänen helfen können.

8. Beobachtung und Berichterstattung

Die Beobachtung von laufenden Kosten, Zeitplänen und Qualität hat während der gesamten Projektdauer große Wichtigkeit. Die Qualität ist am schwersten zu messen und wird deshalb häufig vernachlässigt.

Neben Fortschrittsberichten, Feedback-Sessions und Management by Walking Around bieten sich zahlreiche weitere Kontrollinstrumente an, um sicherzustellen, dass die Implementierung nach Plan verläuft.

- Control-Point-Charts fragen ab, was in punkto Zeit, Kosten und Qualität möglicherweise schief gehen könnte.
- Project-Control-Charts liefern Statusberichte zu den aktuellen Kosten im Vergleich zum Budget inklusive Abweichungen.
- Milestone-Charts zeigen die einzelnen Phasen als Stufen zu den Projektzielen.

Sie müssen wissen, was zu tun ist, wenn diese oder andere Kontrollmechanismen anzeigen, dass etwas schief läuft. Alternativpläne sind ebenfalls sinnvoll, denn nicht selten ändern sich zwischendurch die Zielvorstellungen.

9. Resultat

Wie Haynes schreibt, ist es »das Ziel des Projektmanagements, das Plazet des Kunden zum Projektresultat zu erhalten« (*Project Management*, Menlo Park, CA 1997). Vor der Auslieferung des Projektergebnisses könnte es sinnvoll sein, Instruktionsmaterial und Schulungspakete zusammenzustellen. In der vorletzten Phase vor Projektabschluss wird sichergestellt, dass das Projektresultat vom Kunden oder Sponsoren akzeptiert wird.

10. Projektauswertung

Der Einbau einer letzten Auswertungsphase ermöglicht es Ihnen, den Erfolg des Projekts zu ermessen und zu sehen, welche Lektionen daraus abgeleitet werden können. Wieder einmal lauten die drei wichtigsten Kriterien: Qualität, Zeit und Kosten. Ferner sind zu berücksichtigen:

- hinzugewonnene oder identifizierte Mitarbeiterfähigkeiten;
- Fehler, die künftig vermieden werden sollten;
- die wichtigsten Instrumente und Techniken;
- Aufgaben und Verfahren, die das nächste Mal anders gehandhabt werden sollten.

Empfehlungen und Warnungen

- Nehmen Sie sich zu Anfang Zeit, um Ziele, Aufgabenstellung und Projektstruktur zu definieren.
- Bestimmen Sie jemanden zum Projektmanager, der die erforderlichen Fähigkeiten besitzt.
- Stellen Sie so weit wie möglich die Verfügbarkeit der erforderlichen Ressourcen sicher.
- Bauen Sie Qualitätskontrollen ein.
- Lassen Sie nicht zu, dass sich kleine Veränderungen einschleichen, bevor Sie die Implikationen untersucht haben.
- Behalten Sie die Zeit- und Budgetlimits im Auge.

Denkanregungen

- Überlegen Sie bezüglich einer bevorstehenden Aufgabe:
  - Existieren feste Anfangs- und Endtermine?
  - Wird ein Budget benötigt?
  - Werden andere Ressourcen gebraucht: Mitarbeiter, Ausrüstung, Material?
  - Stehen in diesem Zusammenhang Veränderungen an?
  - Gibt es ein klares Ziel?

Literaturhinweise

- Brown, Mark: *Erfolgreiches Projektmanagement in 7 Tagen*, Landsberg/Lech 1997.
- Burke, Rory: *Project Management. Planning and Control Techniques*, 3. Aufl., Chichester 1999.
- Cleland, David I.: *Project Management. Strategic Design and Implementation*, 3. Aufl., New York 1999.
- Haynes, Marion E.: *Project Management*, Menlo Park, CA 1997.
- Holland, Dutch: *Projektmanagement für die Chefetage; Projekte im »roten Bereich« erfolgreich steuern*, Weinheim 2002.
- Litke, Hans-Dieter: *Projektmanagement. Der Survival-Guide für Einsteiger. So führen Sie Projekte sicher zum Erfolg*, München 2002.
- Lock, Dennis: *Project Management*, 7. Aufl., Aldershot 2000.
- Neumann, Reiner/Karsten Bredemeier: *Projektmanagement von A-Z. Das Handbuch für Praktiker*, Frankfurt/New York 1996.
- Turner, J. Rodney: *Handbook of Project-Based Management. Improving the Processes for Achieving Strategic Objects*, 2. Aufl., London 1999.

Rationale Entscheidungen

Zusammenfassung

Diese Checkliste beschreibt die Grundzüge einer rationalen Entscheidungsfindung. Sie richtet sich folglich an alle Manager.

Definition

Eine Entscheidung setzt die Wahl zwischen mehreren Alternativen voraus. Der Schlüssel zur rationalen Entscheidungsfindung liegt darin, dass wir die Alternativen auflisten und wissen, wie wir anschließend Alternativen auswählen oder von der Liste streichen können. Diese Methode der rationalen Entscheidungsfindung wurde zuerst in dem 1981 erschienenen Buch *The New Rational Manager* (dt.: *Management – Entscheidungen vorbereiten und richtig treffen*) von Kepner und Tregoe vorgestellt.

Vorteile

Das rationale Modell

- bietet Anschauung und Unterstützung bei der Entscheidungsfindung;
- eignet sich besonders für komplexe und verworrene Situationen;
- ist umfassend und systematisch;
- beruht auf effektiven Informationen statt auf vorgefassten Meinungen;
- bietet eine effektive Technik, um schwierige Entscheidungen zu fällen und überzeugend zu begründen.

Nachteile

Rationale Entscheidungsfindung

- kann sehr zeit- und ressourcenaufwändig sein, besonders in schnell veränderlichen Situationen;

- erfordert viele Informationen, die unter Umständen schwer erhältlich sind;
- erfordert einige Konsequenz, wenn das Ergebnis eine rationale Entscheidung sein soll;
- muss die Möglichkeit in Betracht ziehen, dass die rationale Entscheidung möglicherweise nicht die richtige ist!

Aktionsplan

1. Gegenstand der Entscheidung

Machen Sie sich den exakten Gegenstand der zu treffenden Entscheidung bewusst. Dieser erste Schritt verhilft Ihnen zu klarem Denken, erleichtert die zukünftige Kommunikation bezüglich der zu treffenden Entscheidung und liefert Aufzeichnungen, die Sie später noch einmal verwenden können. Möglicherweise stellt sich dabei heraus, dass frühere Annahmen revidiert werden müssen.

Beispielentscheidung: Welchen Computer soll ich kaufen?

2. Angestrebte Ziele

Bestimmen Sie die Ziele, die Sie mit Ihrer Entscheidung erreichen wollen; sie sollten, soweit möglich, messbar sein. In diesem Stadium ist es unwesentlich, ob zwischen den einzelnen Zielen offensichtliche Ungereimtheiten bestehen. Hier geht es um Konsultation, Informationsbeschaffung und -überprüfung.
Ihre Ziele bezogen auf den Computer könnten beispielsweise folgende sein: dass er in der Lage ist, mit anderen Computern zu kommunizieren, dass er CD-ROMs lesen kann, Text-, Tabellen- und Bildverarbeitung beherrscht, genügend Festplattenkapazität hat und erschwinglich ist.

Merkmale: Der Computer benötigt ein Modem, erweiterbaren Speicher, ein CD-ROM-Laufwerk, eine große Festplatte und Standardsoftware und er darf das Budget nicht sprengen.

3. Zielgewichtung

Unterscheiden Sie zwischen notwendigen und wünschenswerten Zielen oder Merkmalen. Der grundsätzliche Unterschied zwischen notwendigen und wünschenswerten Merkmalen besteht darin, dass eine Entscheidungsalternative, die ein notwendiges Merkmal nicht erfüllt, zu verwerfen ist. Wird dagegen ein wünschenswertes Merkmal nicht erfüllt, folgt nicht automatisch der Ausschluss. Wie der Abwägungsprozess in diesem Fall aussehen muss, wird in Punkt 5 behandelt.

Notwendig: maximaler Preis, minimale Prozessorkapazität, minimale Festplattenkapazität.

Wünschenswert: Modem, CD-ROM-Laufwerk, erweiterbarer Speicher, Softwarepakete.

4. Notwendige Ziele

Die notwendigen Ziele sollten ein quantitatives Maß oder einen objektiven Standard enthalten.

Notwendig: maximaler Preis 2400 Euro, 600 MHz Prozessor, mindestens 10 Gigabyte Festplatte.
Das bedeutet, dass eine Alternative mit einem Kaufpreis von über 2400 Euro, einem Prozessor, der langsamer als 600 MHz ist, oder einer Festplatte von weniger als 10 Gigabyte nicht in Frage kommt.

5. Wünschenswerte Ziele

Ordnen Sie Ihren Wunschzielen je nach Wichtigkeit numerische Werte von 10 abwärts zu. Wenn beispielsweise das Softwarepaket neben den notwendigen Merkmalen den wichtigsten Stellenwert hat, geben Sie ihm den Wert 10. Wenn eine Kaufalternative Software für Tabellen-, Daten-, Bild- und Textverarbeitung umfasst, erhält sie 10 von 10 Punkten; wenn eines dieser Merkmale fehlt, erhält sie vielleicht nur 8 Punkte. Ein extrem schnelles Modem mit eingebauter Fehlerkorrektur hat möglicherweise ein Gewicht von 10 Punkten; eine Alternative mit einem nicht so schnellen oder nicht so leistungsfähigen Modem kommt vielleicht auf 6 Punkte.

Schnelles Modem	10
Komplettes Softwarepaket	10
Eingebautes CD-ROM-Laufwerk	9
Erweiterbarer Speicher	8

Anders als die notwendigen Merkmale entscheiden die wünschenswerten Merkmale nicht unmittelbar über Ja oder Nein. Je klarer Sie sie jedoch definieren, desto besser wird Ihre Entscheidung sein.

6. Informationsbeschaffung

Nachdem der Informationsbedarf formuliert ist, können Sie daran gehen, diese Informationen zu sammeln. Am Beispiel des Computers heißt das, dass Sie sich bei Computerhändlern, in Zeitschriften und bei unterrichteten Kollegen informieren.

7. Überprüfung auf notwenige Kriterien

Die Informationen – oder die möglichen Alternativen – müssen jetzt mit den notwendigen Kriterien verglichen werden. Verwerfen Sie jede Alternative, die die notwendigen Kriterien nicht erfüllt. Verfehlt irgendeine der Alternativen die Kriterien hinsichtlich Preis, Prozessorleistung und Festplattenkapazität?
Wenn Sie eine Alternative, die bestimmte notwendige Kriterien nicht erfüllt, aus irgendwelchen Gründen nicht verwerfen wollen, dann sind entweder die aufgestellten Kriterien unbefriedigend, oder Sie gehen nicht rational vor. In beiden Fällen sollten Sie noch einmal bei Schritt 3 beginnen.

9. Überprüfung auf wünschenswerte Kriterien

Prüfen Sie die verbleibenden Alternativen hinsichtlich der wünschenswerten Kriterien. Die Alternative, die die Kriterien am besten erfüllt, sollte am höchsten und die übrigen entsprechend niedriger bewertet werden.
Beispiel:

Langsameres Modem	6
2 von 4 Softwareprogrammen fehlen	5
Kein CD-ROM-Laufwerk	0
Zwei zusätzliche Speicherplätze	8

10. Berechnung der Gesamtpunktezahl

Die Gewichtungen sollten mit den jeweiligen Punkten multipliziert und über alle Kriterien aufsummiert werden. Aus den Schritten 5 bis 9 folgt beispielsweise:

Langsameres Modem	10 × 6 = 60
2 von 4 Softwareprogrammen fehlen	10 × 5 = 50
Kein CD ROM Laufwerk	9 × 0 = 0
Zwei zusätzliche Speicherplätze	8 × 8 = 64
Gesamt = 174	

11. Provisorische Entscheidung

Auf der Basis dieser Summenwerte können Sie eine provisorische Entscheidung treffen. Indem Sie die Summenwerte der verschiedenen Alternativen miteinander vergleichen, können Sie beispielsweise sagen:
Alternative A liegt ganz klar vorn.
Alternativen D and E kommen nicht in Frage.
Zwischen den Alternativen B und C besteht kaum ein Unterschied.

12. Endgültige Entscheidung

Die Analyse liefert nur dann eine automatische Entscheidung, wenn lediglich eine Alternative alle notwendigen Kriterien erfüllt. Wenn mehrere Alternativen vergleichbare Summenwerte haben, ist es besonders wichtig, die Punkte und Gewichtungen und die Überlegungen, aufgrund derer sie verteilt wurden, noch einmal zu überprüfen. Die Analyse liefert eine klare Grundlage für die Untersuchung. Es ist nicht immer notwendig, den gesamten hier beschriebenen Prozess zu durchlaufen, besonders bei einfachen binären Ja-Nein-Entscheidungen. Jedes Element des Prozesses kann jedoch auch einzeln verwendet werden, um die Effizienz eines Entscheidungsprozesses zu verbessern.

Empfehlungen und Warnungen

- Stellen Sie sicher, dass Ihre Ziele auf Ihre Bedürfnisse abgestimmt sind.
- Stellen Sie Ihre notwendigen Kriterien sorgfältig zusammen; achten Sie auf Messbarkeit.
- Sammeln Sie alle Informationen, die sie benötigen, um unter verschiedenen Alternativen zu wählen.
- Bleiben Sie objektiv.
- Prüfen Sie den Prozess nach der provisorischen Entscheidung erneut, um möglicherweise einzelne Aspekte zu konkretisieren oder zu modifizieren.

- Überstürzen Sie auch in scheinbar offensichtlichen Fällen nicht die Entscheidung.
- Lassen Sie sich nicht von persönlichen Vorlieben beeinflussen.
- Lassen Sie sich nicht von Vorurteilen beeinflussen.
- Verkürzen Sie den Entscheidungsprozess nicht, insbesondere, wenn die Entscheidung weitreichende Konsequenzen hat.
- Nehmen Sie die provisorische Entscheidung nicht für die endgültige.
- Verwenden Sie diesen Ansatz nicht zur Problemlösung!

Denkanregungen

- Haben Sie eine schwierige oder komplizierte Entscheidung zu treffen?
- Müssen Sie in ein Dickicht von Daten Ordnung bringen?
- Müssen Sie plausibel erklären, wie Sie zu Ihrer Entscheidung gekommen sind?
- Als Sie das letzte Mal ein Auto kauften, wie haben Sie da zu Ihrer Entscheidung gefunden?

Literaturhinweise

- Barker, Alan: *How to Be a Better Decision Maker*, London 1996.
- Jennings, David/Stuart Wattam: *Decision Making. An Integrated Approach*, 2. Aufl., London 1998.
- Kasprik, Rainald: *Rationale Unternehmens- und Marketingplanung. Strategische, operative und taktische Entscheidungen*, Heidelberg 2002.
- Kepner, Charles H./Benjamin B. Tregoe: *Entscheidungen vorbereiten und richtig treffen. Rationales Management*, 6. Aufl., Landsberg/Lech 1992.
- Peel, Malcolm: *Successful Decision Making Techniques in a Week*, London 1995.

Schulungsbedarfsanalyse

Zusammenfassung

Diese Checkliste beschreibt die Implementierung einer Schulungsbedarfsanalyse.
Effektive Schulung oder Entwicklung setzt voraus, dass das gewünschte Resultat bekannt ist – sei es für den Einzelnen, die Abteilung oder das gesamte Unternehmen. Angesichts begrenzter Budgets und der Notwendigkeit kosteneffektiver Lösungen müssen alle Unternehmen sicher sein können, dass die in die Schulung investierten Ressourcen auf Bereiche konzentriert werden, in denen Schulung und Entwicklung unverzichtbar und eine positive Investitionsrendite garantiert ist. Gerade in der turbulenten Arbeitswelt von heute, in der die Beschäftigten immer neuen Technologien und flexiblen Arbeitspraktiken ausgesetzt sind und ihre Fähigkeiten fortlaufend auf den neuesten Stand bringen müssen, ist eine effektive Schulungsbedarfsanalyse besonders wichtig.
Voraussetzung für jede effektive Schulungsreihe oder -veranstaltung ist die Analyse und Ermittlung des Schulungsbedarfs. Eine Schulung ohne Konzept lässt möglicherweise die wichtigsten Erfordernisse außer Acht und hält sich mit unwesentlichen Bereichen auf. Die Analyse des Schulungsbedarfs ist nicht ausschließlich eine Aufgabe für Spezialisten. Der moderne Manager ist für viele Aspekte des Mitarbeitermanagements verantwortlich, eben auch für die Schulung und Entwicklung seines Teams; er sollte deshalb mit der Schulungsbedarfsanalyse vertraut und in der Lage sein, diese erfolgreich zu implementieren.

Definition

Von Schulungsbedarf sprechen wir, wenn zweierlei gegeben ist:

- Es besteht ein Mangel, eine Lücke oder ein Problem, das den Einzelnen oder das Unternehmen daran hindert, seine Ziele zu erreichen.
- Dieser Missstand lässt sich durch Schulung und/oder Entwicklung beheben oder abmildern.

Schulungsbedarf kann auf der Ebene des Unternehmens, einer Aktivität oder eines Mitarbeiters bestehen. Für die Zwecke dieser Checkliste meint »Unternehmen« nicht nur das Gesamtunternehmen, sondern kann ebenso für eine Abteilung, eine Einheit oder ein Team mit eigenen Zielen stehen.

Auf der Unternehmensebene weist der Schulungsbedarf auf eine (falsche) Verhaltensweise oder eine fehlende Fähigkeit hin, die der Erreichung der Unternehmensziele im Weg steht. Beispiele hierfür sind ein geschäftsschädigender Mangel an Kundenbetreuungsfähigkeiten oder ein Mangel an zwischenmenschlichen Fähigkeiten, mit negativen Folgen für die Mitarbeiterbindung.

Auf der Aktivitätsebene bezieht sich der Schulungsbedarf auf alle Beschäftigten, die derselben Tätigkeit nachgehen. So müssen möglicherweise alle Reifenmonteure eines Unternehmens lernen, ein neues Gerät zu verwenden; das gilt aber nicht für die Mitglieder des Verkaufsteams.

Auf der individuellen Ebene entsteht Schulungsbedarf, wenn einem einzelnen Mitarbeiter Fähigkeiten, Wissen oder Verständnis fehlen, oder wenn bestimmte Verhaltensweisen verhindern, dass der Betreffende seine Arbeit erfolgreich leistet. Wenn beispielsweise Empfangsmitarbeiter A das Telefon professionell bedient, während Empfangsmitarbeiter B bei derselben Tätigkeit unwirsch und wortkarg reagiert, dann hat B individuellen Schulungsbedarf.

Vorteile

Eine Schulungsbedarfsanalyse

- lenkt die Ressourcen auf vorrangige Bereiche;
- verbessert die Fähigkeit des Unternehmens, sich planmäßig auf Veränderungen im Arbeitsumfeld einzustellen;
- hilft Mitarbeitern und Teams, Leistung, Arbeitszufriedenheit, Moral und Motivation zu verbessern;
- fördert die Entwicklung des Unternehmens in Richtung »Investors in People«, einem Qualitätsstandard, der unter anderem eine Schulungsbedarfsanalyse verlangt;
- ergibt sich in natürlicher Weise aus dem Beurteilungsprozess, in dem die Mitarbeiter darüber sprechen, welche Fähigkeiten wie verbessert werden müssen;
- bietet eine konstruktive Basis für die Leistungsverbesserung.

Nachteile

Der Prozess selbst hat keine Nachteile, jedoch erfordert eine Schulungsbedarfsanalyse

- Zeit und Energie, um die Analyse systematisch zu planen und die Ergebnisse zu analysieren;
- eine Abstimmung der Resultate unter den Managern, um sicherzustellen, dass der Plan die unternehmensweiten Prioritäten widerspiegelt, Größenvorteile nutzt und Redundanzen zwischen den Abteilungen vermeidet;
- die volle Einbeziehung und Konsultation der potenziellen Schulungskandidaten statt einer schnelleren, jedoch einseitigen Auswertung durch ihre Vorgesetzten.

Im Idealfall sollten also im Prozess der Schulungsbedarfsanalyse auch die Manager selbst geschult werden, damit sie verstehen, was damit erreicht werden soll und auf welche Weise sie dazu beitragen können.

Aktionsplan

Schulungsbedarf lässt sich grob in drei Kategorien unterteilen:

- vorhersehbarer Bedarf;
- Bedarf, der sich aus der fortlaufenden Beobachtung ergibt;
- plötzlicher Bedarf aufgrund unvorhergesehener Probleme.

1. Koordination

Ein Schulungsbedarf, der in einer Abteilung besteht, lässt sich mit großer Wahrscheinlichkeit auch in anderen Abteilungen diagnostizieren. Es ist wenig sinnvoll, wenn Manager bei jedem Problem ihre eigenen begrenzten Ressourcen einsetzen, wenn sich die Probleme überlappen und doppelter Aufwand verhindert werden könnte.

Die meisten Unternehmen haben Personalabteilungen, die sich um die Organisation der Schulungen kümmern. Vielleicht sind Sie nicht für die Koordination des Systems zuständig – dennoch füllen Sie eine wichtige Rolle aus, indem Sie alle verfügbaren Informationen zum Schulungsbedarf Ihrer Mitarbeiter sammeln und an die zuständige Stelle weiterreichen.

Schließen Sie sich zumindest mit anderen Managern kurz und stimmen Sie Ihre Informationen zum Schulungsbedarf ab, damit das Unternehmen seine Schulungs- und Entwicklungsaktivitäten koordinieren kann.

2. Bedarfsprognose

Prognostizierbarer Schulungsbedarf tritt vor allem auf der Unternehmens- und Aktivitätsebene auf. Wenn beispielsweise eine neue Anlage oder ein neues Gerät angeschafft wird, wissen Sie mit ziemlicher Sicherheit, dass alle, die es bedienen sollen, Schulungsbedarf haben werden. Wenn ein Unternehmen beschließt, im Rahmen seiner Unternehmensstrategie den Kundenservice aufzuwerten, dann ist es offensichtlich, dass ein Schulungs- und Entwicklungsprogramm für den Erfolg ausschlaggebend sein wird.

3. Beobachtungstechniken

Einige Probleme gehören zu der Kategorie von Schulungsbedarf, der sich unbemerkt in das Unternehmen einschleichen kann. Ein aktives Beobachtungssystem kann hierbei Abhilfe schaffen.

Eine Möglichkeit der Beobachtung ist die Abweichungsanalyse. Das klingt technisch, ist aber im Grunde ein einfaches Instrument, mit dem Manager Budgets überwachen, und es lässt sich ohne weiteres auf die Ermittlung des Schulungsbedarfs übertragen. Wenn ein Budget verabschiedet ist, wird es in veranschlagte Monatsbudgets aufgeteilt. Jede größere Abweichung von der Vorhersage – nach oben oder unten – löst eine Untersuchung der Gründe und Folgen aus.

In der Schulungsbedarfsanalyse werden die Zahlen durch bestimmte Leistungsstandards und -indikatoren ersetzt. Auch bei »weichen« Aspekten wie der Kundenzufriedenheit können Sie einen Standard setzen; beispielsweise sollen 95 Prozent aller Kunden das Gefühl haben, ausgezeichneten Service erhalten zu haben (die restlichen 5 Prozent gehen auf das Konto derjenigen, die immer etwas auszusetzen haben oder die eine Kundenerfahrung prinzipiell mit weniger als 100 Prozent bewerten). Umfragen zur Kundenzufriedenheit ermöglichen es Ihnen, jede Abweichung zu messen.

Die in Beurteilungsgesprächen gestellten Fragen stellen eine Art Überblick dar, sind doch die angesprochenen Themenbereiche im ganzen Unternehmen weitestgehend identisch. Ein wesentlicher Zweck der Beurteilung besteht darin, den individuellen Schulungsbedarf zu ermitteln.

Auch vereinzelt auftretende Probleme lassen sich über eine Befragung von Mitarbeitern und Kunden aufspüren. Führen Sie regelmäßig Stichprobeninterviews durch und verwenden Sie einen einheitlichen Katalog von Fragen zur allgemeinen Leistung, wie beispielsweise der Kundenzufriedenheit.

4. Problemanalyse

Der Beobachtungsprozess wird Lücken und Probleme aufzeigen, aber seien Sie vorsichtig und ziehen Sie aus diesen Beobachtungen keine vorschnellen Schlüsse. So kann es beispielsweise nahe liegen, eine ungewöhnlich hohe Mitarbeiterfluktuation in einer kleinen Abteilung den unsozialen Arbeitszeiten zuzuschreiben, während sich in den Abschlussgesprächen möglicherweise herausstellt, dass die Ursache eher bei den beengten Raumverhältnissen und der schlechten Luft zu suchen ist. Eine Schulung kann dieses Problem nicht lösen, auch wenn der Beobachtungsprozess bei dessen Identifikation geholfen hat.
Andererseits kann es vorkommen, dass das Kernproblem im Verhalten und im Führungsstil des Abteilungsleiters zu suchen ist, oder dass aufgrund eines fehlerhaften Personalbeschaffungsprozesses die falschen Mitarbeiter eingestellt wurden. In beiden Fällen ist Schulungsbedarf vorhanden – im ersten Fall für den Abteilungsleiter und im zweiten für den Einstellungsbeauftragten. Und das betrifft möglicherweise Sie.

5. Bedarfsebene

Ein Schulungsbedarf kann unter Umständen ausschließlich die individuelle oder die Aktivitätsebene betreffen. Wahrscheinlicher ist jedoch, dass mindestens zwei, wenn nicht gar alle drei Ebenen involviert sind.
Wenn ein Unternehmen seine Kunden generell als Störfaktor behandelt, dann muss es seine Grundeinstellung ändern. Solange Sie lediglich ein oder zwei Mitarbeiter in die Schulung schicken, packen Sie das Problem am falschen Ende an. Nicht individuelle Schulungssitzungen sind hier erforderlich, sondern eine Entwicklung auf Unternehmensebene.

6. Maßnahmen

Wenn der Schulungsbedarf in Ihren eigenen Zuständigkeitsbereich fällt, vermutlich also die individuelle oder vielleicht die Aktivitätsebene betrifft, können Sie Maßnahmen planen, um diesen Bedarf zu decken.

Wenn der Bedarf auf einer Ebene auftritt, die Ihren Kontrollbereich übersteigt, dann sollten Sie Vorschläge entwickeln, wie dieses Problem in einem breiteren Kontext gelöst werden kann.

Empfehlungen und Warnungen

- Nehmen Sie die Schulungsbedarfsanalyse ebenso ernst wie die Schulung selbst.
- Stimmen Sie Ihre Ergebnisse mit denen anderer Managern ab.
- Überzeugen Sie, wenn nötig, andere vom Nutzen der Schulungsbedarfsanalyse und der dafür erforderlichen Datenerfassung.
- Berücksichtigen Sie potenziellen Schulungsbedarf auf der Unternehmens-, Aktivitäts- und Mitarbeiterebene.
- Untersuchen Sie Probleme sorgfältig, um vorschnelle Schlüsse zu vermeiden.
- Rechnen Sie auch damit, dass Sie selbst Schulungsbedarf haben.
- Veranlassen Sie keine Schulung, bevor Sie sich nicht vergewissert haben, dass ein echter Bedarf besteht.
- Schicken Sie nicht einfach jeden auf diejenige Schulungsveranstaltung, die Ihnen persönlich nützlich und interessant erschien – Menschen bringen unterschiedliche Voraussetzungen und Erfahrungen mit und haben dementsprechend unterschiedliche Schulungsprioritäten.
- Konzentrieren Sie sich nicht ausschließlich auf den offensichtlichen Schulungsbedarf, sondern berücksichtigen Sie auch den Bedarf, nach dem Sie zuvor suchen müssen (zum Beispiel mittels eines Beobachtungssystems).

Denkanregungen

- Wie viel Schulungsressourcen wurden Ihrer Schätzung nach im letzten Jahr vergeudet – und warum?
- Benötigen Ihre Mitarbeiter eine Art der Schulung, wie es sie bislang nicht gibt und auch in Zukunft höchstwahrscheinlich nicht geben wird?
- Wurden Sie jemals auf eine Schulung geschickt, für die Ihrer Ansicht nach kein Bedarf bestand?
- Wie motivierend würde sich der Besuch einer packenden und interessanten Veranstaltung auf Ihre Mitarbeiter auswirken?

Literaturhinweise

- Bartram, Sharon/Brenda Gibson: *Training Needs Analysis Handbook*, 2. Aufl., Aldershot 1997.
- Boydell, Tom/Malcolm Leary: *Identifying Training Needs*, London 1996.
- Craig, Malcolm: *Analysing Learning Needs*, Aldershot 1994.

Sitzungsleitung

Zusammenfassung

Diese Checkliste richtet sich an jeden, der mit der Planung und Leitung von Sitzungen und Besprechungen befasst ist.

Definition

Diese Checkliste definiert »Sitzung« als eine Zusammenkunft von drei oder mehr Personen an einem bestimmten Ort zu einer bestimmten Zeit und zu einem bestimmten Zweck. Formelle Treffen wie die hier besprochenen werden von einem Sitzungsleiter entsprechend einer im Voraus festgelegten Tagesordnung geleitet, und der Diskussionsverlauf kann, muss aber nicht, protokolliert werden. Wir befassen uns hier jedoch nicht mit den rechtlichen Anforderungen an Vorstandssitzungen oder Jahresversammlungen von Unternehmen. Viele der hier gegebenen Hinweise beziehen sich auch auf Konferenzen, die über Internet oder Videoschaltung abgehalten werden, auch wenn darauf nicht gesondert hingewiesen wird.

Vorteile

Persönliche Treffen sind nicht in jedem Fall erforderlich oder effizient. Deshalb sollten Sie unbedingt klären, ob ein wirklicher Bedarf besteht, bevor Sie Zeit, Mühe und andere Kosten investieren. Die Entwicklung besserer und billigerer Technologie macht Videokonferenzen für viele Unternehmen zu einer echten Alternative, denn damit können Reisezeiten, Reisekosten und -spesen sowie unnötiger, reisebedingter Stress vermieden werden.

Die allgemeinen Prinzipien der Leitung einer erfolgreichen und produktiven Sitzung gelten für jede Art von Zusammenkunft, sei es eine persönliche Begegnung oder ein Treffen mithilfe elektronischer Schaltungen.

Unter den richtigen Umständen können effektive Treffen

- eine rasche und effektive Kommunikation zwischen zahlreichen Teilnehmern ermöglichen;
- als effektives Entscheidungsfindungsinstrument dienen;
- die Motivation und die Entschlossenheit eines Teams erhöhen.

Nachteile

Ineffektive und unnötige Treffen können

- Zeit und Geld kosten;
- die Bildung einzelner Fraktionen verstärken und Ressentiments erzeugen;
- zu schlechten Entscheidungen führen.

Aktionsplan

Effektive Treffen erfordern geeignete Maßnahmen, und das vor, während und nach der eigentlichen Sitzung. Für den Erfolg der Veranstaltung sind nicht nur die Organisatoren und der Sitzungsleiter, sondern auch die einzelnen Teilnehmer verantwortlich.

1. Vor der Sitzung

1. Fragen Sie sich: »Brauchen wir wirklich ein Treffen?« Machen Sie sich den Zweck des Treffens klar: Informationsaustausch, Bestandsaufnahme, Lösung bestimmter Probleme, Brainstorming zu einer bestimmten Frage oder Planentwicklung. Erst dann können Sie über Zeitpunkt, Teilnehmerkreis und Veranstaltungsrahmen entscheiden.

2. Legen Sie klare und präzise Ziele für die Sitzung fest.
3. Unterscheiden Sie zwischen kreativer und analytischer Diskussion. Kreative Sitzungen erfordern einen flexibleren Zeitplan und eine lockerere Atmosphäre. Es fällt schwer, von der Routine zur Kreativität zu wechseln und umgekehrt.
4. Entscheiden Sie, wer teilnehmen soll. Es sollten weder zu viele noch zu wenige sein, und es kommen nur diejenigen in Frage, die auch einen Beitrag liefern.
5. Die Festlegung eines Endzeitpunkts fördert die Konzentration und es kommt in der Regel zu weniger Abschweifungen. Vergewissern Sie sich, dass Datum und Zeit allen vorgesehenen Teilnehmern gelegen kommen.
6. Entscheiden Sie sich für ein Sitzungsformat und berücksichtigen Sie dabei folgende Faktoren: die Art der zu diskutierenden Themen, die Zahl der Teilnehmer, die veranschlagte Zeit und die angestrebten Ziele.
7. Treffen Sie organisatorische Vorbereitungen.

- Reservieren Sie einen geeigneten Raum.
- Sorgen Sie dafür, dass die erforderlichen Geräte und Materialien verfügbar sind.
- Stellen Sie Erfrischungen bereit.
- Fordern Sie Schreib- und eventuell Übersetzerdienste an, insbesondere, wenn ein Protokoll geführt werden soll. Der Protokollführer muss im Zuhören und Notizenmachen erfahren sein.

8. Informieren Sie alle Betroffenen so früh wie möglich. In eine solche Ankündigung gehören

- genaue Angaben bezüglich Datum, Zeit und Ort,
- eine Liste aller Teilnehmer,
- die Tagesordnung,
- Kopien von Berichten und andere begleitende Papiere.

9. Erledigen Sie Ihre persönlichen Recherchen und treffen Sie alle andere Vorbereitungen. Möglicherweise empfiehlt es sich, mit den Teilnehmern, deren Beitrag für den Erfolg des Treffens maßgeblich ist, bereits im Voraus Kontakt aufzunehmen.

2. Die Schlüsselrolle des Sitzungsleiters

1. Treffen Sie rechtzeitig am Veranstaltungsort ein.
2. Prüfen Sie, ob alle Anweisungen bezüglich Technik, Bestuhlung und Bewirtung tatsächlich ausgeführt wurden.

3. Begrüßen Sie die eintreffenden Teilnehmer (insbesondere Erstbesucher).
4. Fangen Sie pünktlich an.
5. Erledigen Sie administrative Punkte wie die Einführung von Erstteilnehmern und die Bekanntgabe von Glückwünschen, Dankesworten, guten Wünschen, Beileidsäußerungen oder die Entschuldigungen abwesender Teilnehmer. Sprechen Sie auch über die organisatorischen Fragen wie Nachrichtenempfang, Parkmöglichkeiten, Rauchen, Verpflegung, Pausen und den geplanten Endzeitpunkt.
6. Erledigen Sie Routinepunkte.
7. Stellen Sie jeden Tagesordnungspunkt gründlich vor und betonen Sie die gesetzten Ziele.
8. Sie können die Diskussion formen und lenken, indem Sie

- die Zurückhaltenden ermuntern;
- die Redegewandten und Voreingenommenen bremsen;
- nur eine Diskussion auf einmal zulassen;
- unterschiedliche Themen trennen;
- an Themen, die noch nicht abschließend behandelt wurden, festhalten;
- für ein Gleichgewicht der Beiträge zu strittigen Themen sorgen;
- die Zeit im Auge behalten;
- visuelle Hilfsmittel dort einsetzen, wo diese zur Klärung beitragen können;
- sich der Meinungsäußerung enthalten, mit Ausnahme einer eventuellen Abschlussbemerkung;
- in regelmäßigen Abständen den Diskussionsstand zusammenfassen;
- an geeigneten Punkten klare Entscheidungen herbeiführen;
- sich anerkennend zu den Beiträgen der Teilnehmer äußern.

9. Setzen Sie einen entschlossenen und präzisen Schlusspunkt, und heben Sie dabei die beschlossenen Maßnahmen hervor.

3. Nach der Sitzung

1. Notieren Sie sogleich die getroffenen Entscheidungen und die geplanten Schritte (das umfasst jeweils den für die Durchfühung Verantwortlichen und den dafür vorgesehenen Zeitrahmen).
2. Verteilen Sie dieses Protokoll an alle Teilnehmer sowie weitere interessierte Parteien.
3. Beobachten Sie die Ausführung der beschlossenen Maßnahmen.

4. Effektivitätskriterien

Um die Effektivität einer Sitzung zu bewerten, müssen Sie, wie bei anderen Aktivitäten auch, zuvor klare Ziele setzen, und zwar für die Veranstaltung insgesamt und für die einzelnen Diskussionspunkte. Üblicherweise lässt sich die Effektivität nach folgenden Kriterien bemessen:

- Haben alle Teilnehmer entsprechend ihren Rollen einen positiven Beitrag geleistet?
- War die Diskussion lebhaft und gleichzeitig von guter Laune geprägt?
- Wurden alle relevanten Aspekte der Themen gründlich behandelt?
- Wurde bei allen wichtigen Entscheidungen ein Konsens erreicht?
- Reichte die veranschlagte Zeit für die Behandlung der Themen aus?
- Verließen die Teilnehmer die Sitzung mit einer klaren Vorstellung von dem, was erreicht wurde, und von ihrer jeweiligen Zuständigkeit für zukünftige Schritte?
- Bitten Sie die Teilnehmer, eine kurze Bewertung zu erstellen. Nicht nur Sie erhalten dadurch ein Feedback, auch den Teilnehmern selbst fällt es leichter, die eigenen Schwächen zu erkennen und sich für das nächste Mal besser vorzubereiten.

Empfehlungen und Warnungen

- Erwägen Sie andere Möglichkeiten, wie sich die Ziele eines geplanten Treffens erreichen lassen.
- Bereiten Sie die Sitzung gründlich und rechtzeitig vor.
- Treffen Sie frühzeitig am Veranstaltungsort ein.
- Denken Sie an Komfort und Annehmlichkeiten für die Teilnehmer (Rauchen, Belüftung, Akustik und Lautstärke, Pausen und so weiter).
- Setzen Sie gegebenenfalls visuelle Hilfsmittel ein.
- Orientieren Sie sich bei jedem Diskussionspunkt an den gesetzten Zielen.
- Achten Sie darauf, dass alle Teilnehmer einen angemessenen Beitrag zur Diskussion leisten.
- Sorgen Sie mit ruhiger Hand für einen disziplinierten Ablauf.
- Wirken Sie, wo immer möglich, auf einen Konsens hin.
- Führen Sie als Sitzungsleiter oder wichtiger Teilnehmer nicht selbst Protokoll.
- Verlieren Sie nicht die Kontrolle über sich.

- Lassen Sie sich nicht in persönliche Auseinandersetzungen hineinziehen.
- Sprechen Sie nicht zu viel oder zu lange.
- Bestehen Sie nicht darauf, immer das letzte Wort zu haben.
- Sprechen Sie nicht als Erster, es sei denn, Sie wollen in ein Thema einführen.
- Setzen Sie der Sitzung ein klares Ende.

Denkanregungen

- War die letzte von Ihnen organisierte beziehungsweise besuchte Sitzung wirklich notwendig?
- Bereiten Sie sich auf Sitzungen, ob als Leiter oder als Teilnehmer, stets gründlich und rechtzeitig vor?
- Wer war der beste Sitzungleiter, den Sie erlebt haben? Was hat der Betreffende richtig gemacht?
- Wer war der schlechteste Sitzungsleiter, den Sie erlebt haben? Was hat der Betreffende falsch gemacht?

Literaturhinweise

- Bieger, Eckhard: *Den Ton treffen. Kompetenz für Gesprächsleitung, Rhetorik, Arbeitsgespräch, Rundgespräch, Diskussion, Konferenz, Fallbesprechung, Verhandlungsgespräch, Konfliktgespräch*, 2. Aufl., Hamburg 1999.
- Martin, David: *Manipulating Meetings. How to Get What You Want When You Want It*, London 2000.
- Willcocks, Graham/Steve Morris: *Making Meetings Work in A Week*, London 2000.

Six Sigma

Zusammenfassung

Diese Checkliste führt in das Six-Sigma-Prinzip ein und zeigt die Schritte zu seiner Implementierung auf.
Unternehmen arbeiten zunehmend mit Six Sigma, um die Qualität ihrer Prozesse und Produkte zu verbessern und auf diese Weise einen Wettbewerbsvorsprung zu erzielen. Schätzungen zufolge machen die qualitätsbedingten Fehler- und Ausschussraten üblicherweise 20 bis 40 Prozent des Umsatzerlöses aus. Six Sigma bietet eine strukturierte und systematische Methode, um diese Zahl deutlich zu reduzieren: In einem mustergültigen Six-Sigma-Zustand kann ein Unternehmen diese Rate sogar auf nur 10 Prozent drücken. Während viele Unternehmen eine absolute Fehlerfreiheit für unerreichbar halten, bietet Six Sigma die Möglichkeit, diesem Zustand vergleichsweise nahe zu kommen.

Definition

Six Sigma ist sowohl eine Technik als auch eine Philosophie und basiert auf dem Wunsch, Ausschuss zu beseitigen und die Leistung so weit wie technisch möglich zu verbessern. Im Kern handelt es sich um eine statistische Methode, bei der zunächst für jeden Unternehmensprozess eine optimale Einstellung definiert wird; anschließend wird mit statistischen Analyseinstrumenten versucht, die Fehlerrate der Prozesse, Produkte und Dienstleistungen gegen Null zu bewegen. Damit geht eine Unternehmenskultur einher, die auf die Werterzeugung für den Kunden und die Beseitigung sämtlicher Prozesse ausgerichtet ist, welche nicht zur Verwirklichung dieses Ziels beitragen.
Six Sigma ist ein eingetragenes Warenzeichen des Unternehmens Motorola, Inc., das die Technik in den 1980er Jahren erfolgreich eingeführt hat. Sie basiert auf den von Joseph Juran entwickelten statistischen Instrumenten und Techniken des Qualitätsmanagements.

Vorteile

Die Implementierung von Six Sigma kann dazu führen, dass

- Qualität, Leistung, Produktivität und Wettbewerbsvorteile verbessert werden;
- die Kosten deutlich zurückgehen;
- Ausschuss minimiert und die ökologische Bilanz verbessert wird;
- die Beschäftigten motiviert werden und auf ihre Errungenschaften stolz sind;
- Kundenzufriedenheit und -treue zunehmen;
- Verbesserungen über die Zeit stabil bleiben;
- sichtbare Leistungsziele geschaffen werden;
- objektive Daten analysiert und quantifizierbare Beweise für Verbesserungen geliefert werden.

Nachteile

- Das Potenzial von Six Sigma ist so groß, dass es häufig mit großer Skepsis als unrealistisch angesehen wird.
- Den Beschäftigten fällt es möglicherweise anfangs schwer, die Technik zu verstehen.
- Investitionen in eine professionelle Schulung sind unumgänglich.
- Unter Umständen ist eine Veränderung der Unternehmenskultur erforderlich.
- Es handelt sich um ein radikales, langfristiges Projekt, das große Entschlossenheit erfordert.
- Die Beschaffung und Interpretation der erforderlichen Daten kann schwierig und zeitintensiv sein, dies gilt für den Servicebereich noch mehr als für den Fertigungsbereich.

Aktionsplan

1. Prinzip

Bevor ein Unternehmen daran denken kann, *Six Sigma* einzuführen, müssen seine Manager verstanden haben, was sie sich darunter vorstellen können. Wie bei jeder Qualitätsinitiative ist es wichtig, dass das Topmanagement das Projekt versteht und entschlossen unterstützt. Die Hilfe von Beratern und kurze Schulungskurse sind möglicherweise unerlässlich.

Sigma ist der griechische Buchstabe, mit dem in der Mathematik die Standardabweichung oder der Betrag, um den ein Prozess vom Durchschnitt abweicht, bezeichnet wird. Höheres *Sigma* bedeutet geringere Abweichung. Ein Drei-Sigma-Unternehmen erreicht eine Ausschussrate von 66 807 zu einer Million, während ein echtes Sechs(Six)-Sigma-Unternehmen nur noch eine Fehlerrate von 3,4 zu einer Million hat. Auch wenn sechs *Sigma* möglicherweise nicht realisierbar sind, so bedeutet doch jede Sigma-Erhöhung um einen Punkt bereits eine signifikante Verbesserung.
Die Six-Sigma-Technik basiert auf der kontinuierlichen Verminderung von Prozess- und Produktschwankungen, die zu den Fehlern führen. Erreicht wird dies, indem zuerst die Schwankungen in jedem Prozess definiert und gemessen und dann auf ihre Ursachen hin untersucht werden. Das ermöglicht die Entwicklung betrieblicher Instrumente, mit denen sich die Schwankungen kontrollieren und reduzieren lassen. Zu diesen Instrumenten gehören unter anderen: statistische Prozesskontrolle, Computersimulation, kurze Produktionszyklen und Lieferantenqualifikation.
Six Sigma bedeutet nicht nur, die bestehenden Schwankungen zu reduzieren, sondern auch mögliche zukünftige Schwankungen zu vermeiden. Zu diesem Zweck müssen die Produktdesigner sozusagen »auf Produzierbarkeit entwerfen« und bei allen neuen Produkten und Prozessen so wenig Schwankung wie möglich zuzulassen. Dies lässt sich mit Methoden wie Poka-Yoke erreichen, deren Ziel darin besteht, Produkte mit minimalen Fehlerquellen zu entwerfen. Zudem sollten alle potenziellen Probleme des Unternehmens ermittelt und Vorkehrungen dagegen getroffen werden. Dafür werden Techniken wie »Vorbeugende Instandhaltung« oder »Risikobewertung« verwendet.
Bevor Sie mit der Implementierung beginnen, müssen Sie das *Six-Sigma-Konzept* und die Ziele der Initiative sowohl auf der strategischen als auch auf der operativen Ebene definieren und kommunizieren.

2. Unternehmenskultur und Veränderungsmanagement

Six Sigma ist eine bedeutende Veränderungsinitiative. Es ist deshalb sehr wichtig, dass der Widerstand der Beschäftigten überwunden und eine Unternehmenskultur geschaffen wird, die den radikalen Wandel unterstützt. Six Sigma wird durch Projektteams implementiert, daher ist gute Teamarbeit eine entscheidende Voraussetzung für den Erfolg. Eine Kultur des kreativen Denkens und der Innovativität ist ebenfalls hilfreich, denn es müssen viele Stolpersteine aus dem Weg geräumt werden.

3. Implementierungsumfang

Obwohl Six Sigma unternehmensweit konzipiert ist, gibt es eine wachsende Zahl von Unternehmen, die es eingeschränkt einsetzen. Entscheiden Sie, ob Sie sich auf Ihre Fertigungs- oder Konstruktionsprozesse, oder vielmehr auf ausgewählte strategische Projekte konzentrieren wollen, die für das Unternehmen von zentraler Bedeutung sind.

4. Six-Sigma-Teams

Für die Implementierung von Six Sigma in den verschiedenen Bereichen werden Teams gebildet. Die wichtigsten Teammitglieder müssen in Führungstechniken geschult werden. Die Schulung in den Six-Sigma-Techniken wird fast immer von externen Schulungskräften ausgeführt, aber es gibt keine Regel, die besagt, dass kleinere Unternehmen das benötigte Wissen nicht auch aus Büchern und Leitfäden beziehen können. Six Sigma besteht traditionell aus drei Stufen:

- Green Belt – die Teilnehmer erwerben den *Green-Belt-Status*, indem sie einen kurzen Einführungskurs zur Six-Sigma-Methodik besuchen.
- Black Belt – einige Green-Belts, in der Regel aus dem Kreise der Manager, nehmen anschließend an einer Projektübung zur Vertiefung des erworbenen Wissens teil. Black-Belts sind dafür zuständig, die Teams zu leiten und zu entwickeln, das Management zu beraten und den Teammitgliedern die Six-Sigma-Techniken zu vermitteln.
- Master Black Belt – einige wenige durchlaufen noch zusätzliche Schulungen und werden zu den Six-Sigma-Experten des Unternehmens, die die ganze Initiative leiten, sie in die Strategiepläne des Unternehmens integrieren und die Techniken anderen Mitarbeitern beibringen.

Einige Unternehmen verwenden eine abweichende Terminologie für diese Schulungsniveaus, und es ist wichtig, dass Sie Begriffe benutzen, die in Ihrem speziellen Unternehmen den richtigen Eindruck erzeugen. Es werden in der Regel für jedes Schulungsniveau Zertifikate vergeben, aber bislang existieren dafür keine internationalen Standards.

5. Six-Sigma-Projekte

Sobald die Teammitglieder ihre Schulung erhalten haben, müssen sie damit beginnen, Prozesse innerhalb des Unternehmens zu identifizieren. Jeder Prozess wird als ein Six-Sigma-Projekt vorgemerkt, und je nach Unternehmensgröße können jedes Jahr mehrere Projekte durchgeführt werden. Den Vorrang sollten Bereiche haben, die sich am stärksten auf den Kundenwert auswirken, oder solche, in denen rasch und unkompliziert Verbesserungen möglich sind, um gleich zu Beginn Erfolge vorweisen zu können. Bei jedem Projekt werden die statistischen Methoden nach einem bestimmten Schema angewandt. Dieses besteht in der Regel aus den folgenden Phasen: Definition des Problems, Messung, Analyse, Verbesserungen sowie Kontrolle.

In der ersten Phase konzentriert sich das Team auf die Identifizierung von Prozessen, die von den Kunden als wertschaffend angesehen werden. Anschließend müssen sie definieren, wie ein »perfekter« Prozess aussehen würde. Ein Frachtzustellunternehmen könnte sich beispielsweise das Ziel setzen, alle Sendungen bis zur Mittagsstunde des Folgetages auszuliefern.

Der nächste Schritt besteht darin, die tatsächliche Performance des Prozesses zu ermitteln. Die üblicherweise verwendete Maßeinheit ist die Fehlerrate (Defects per Unit). Eine »Einheit« könnte eine Zeile Computercode, eine Verkaufsrechnung, ein Stück Rohmaterial, ein fertiges Produkt, eine Auslieferung oder ein Eintrag in der Datenbank sein. Im obigen Beispiel ist eine Einheit eine fristgerecht zugestellte Sendung, und ein »Defekt« liegt vor, wenn eine Sendung nicht rechtzeitig zugestellt wird. Im Servicebereich sind Einheiten und Defekte möglicherweise schwerer zu definieren und zu messen als im Fertigungsbereich. Die Aufgaben sollten in Teilschritte zerlegt und quantitative Methoden zur Messung der defekten Einheiten entwickelt werden. *Data-Mining-Techniken* und Informationstechnologie können dabei hilfreich sein.

Anschließend findet eine Analyse statt, die mittels statistischer Methoden die Diskrepanz zwischen der gegenwärtigen Performance und dem angestrebten Ziel ermittelt. Die Gründe für diese Diskrepanz müssen beispielsweise mittels Root-Cause-Analysis (Fehler-Ursachen-Analyse) ermittelt werden, wobei in dieser Phase möglicherweise Kreativität gefragt ist. Anschließend müssen Verbesserungsmöglichkeiten entwickelt und mittels Projektmanagement-Techniken implementiert werden. Vielleicht waren verstopfte Straßen dafür verantwortlich, dass die Sendung nicht rechtzeitig zugestellt wurde; eine Möglichkeit, dies zu vermeiden, könnte darin bestehen, alternative Routen auf Umgehungsstraßen zu untersuchen.

6. Integration in die Unternehmensinfrastruktur

Wenn Six Sigma eine unternehmensweite Initiative ist, muss es in die existierende Unternehmensstruktur eingebunden werden. Überlegen Sie, ob Sie es mit dem Vergütungs- und Belohungssystem, den Abteilungsbudgets, den Arbeitsplatzbeschreibungen und Zertifikationsnormen wie ISO 9001 abstimmen wollen. Verändern Sie ihre Richtlinien und Verfahrensweisen im Sinne der erzielten Verbesserungen.

7. Beobachtung und Bewertung

Achten Sie darauf, dass die Projekte beobachtet, Misserfolge untersucht und Erfolge vermittelt werden. Six Sigma ist eine fortlaufende, langfristige Initiative. Eine kontinuierliche Bewertung ist also wichtig, um sicherzustellen, dass die Richtung weiterhin stimmt. Prüfen Sie nicht nur, welche Kosteneinsparungen erzielt wurden, sondern auch, ob sich die Zufriedenheit der Mitarbeiter und Kunden verbessert hat.
Bedenken Sie, dass Kundenwünsche, Märkte und Geschäftsumfelder dynamisch und veränderlich sind. Sie müssen die bereits analysierten Prozesse regelmäßig daraufhin überprüfen, ob sich aufgrund veränderter Rahmenbedingungen möglicherweise erneut Defekte einschleichen.

Empfehlungen und Warnungen

- Sichern Sie sich die Unterstützung des Topmanagements.
- Werfen Sie einen Blick auf andere Unternehmen, die ähnliche Programme gestartet haben.
- Behalten Sie stets die Kunden im Auge – die internen ebenso wie die externen.
- Halten Sie alles so einfach wie möglich, um die Verständlichkeit zu verbessern und die Implementierung zu vereinfachen.
- Beschränken Sie die Verantwortung für die Implementierung von Six Sigma nicht auf die Black Belts.

- Lassen Sie sich nicht von der Mathematik des Six-Sigma-Konzepts abschrecken – sie lässt sich leicht erlernen, und für die Berechnungen gibt es geeignete Computerprogramme.
- Machen Sie die relevanten Unternehmensdaten frei verfügbar und beschränken Sie den Zugang nicht auf die Managementebene.
- Vergessen Sie nicht, auch die »weichen« Fähigkeiten wie Gesprächsleitung, Teamarbeit und Moderation zu vermitteln, die zur effizienten Durchführung der statistischen Analyse nötig sind.
- Denken Sie nicht, Six Sigma sei nur etwas für große Unternehmen – auch wenn das Programm kleinere Betriebe vergleichsweise teurer kommt, kann es sich dennoch lohnen und langfristig entscheidende Verbesserungen bewirken.

Denkanregungen

- Wissen Sie, welcher Anteil Ihrer Kosten durch Ausschuss verursacht wird, der Ihren Kunden keinerlei Wert bringt?
- Sind Sie sich systematischer Fehler in Ihren Herstellungsverfahren oder im Kundenservice bewusst?
- Welche Qualitätsstandards erwarten Ihre Kunden wirklich, und können Sie diese zuverlässig erfüllen?
- Welches sind die Qualitätsniveaus Ihrer Wettbewerber, und warum sind diese höher oder niedriger als die Ihrigen?
- Welches sind die Ursachen für Prozess- und Produktschwankungen in Ihrem Unternehmen?
- Gibt es in Ihrem Unternehmen eine Unternehmenskultur, die den radikalen Wandel durch Six Sigma ermöglicht und unterstützt?

Literaturhinweise

- Breyfogle, Forrest W. III./James M. Cupello/Becki Meadows: *Managing Six Sigma*, New York 2001.
- Eckes, George: *The Six Sigma Revolution*, New York 2001.
- Pande, Peter S./Robert P. Neuman/Roland R. Cavanagh: *Six Sigma erfolgreich einsetzen. Marktanteile gewinnen, Produktivität steigern, Kosten reduzieren*, Landsberg/Lech 2001.

Strategische Partnerschaften

Zusammenfassung

Diese Checkliste beschreibt die Planungsphasen auf dem Weg zu einer Partnerschaft: die strategische Entscheidung für eine Partnerschaft, die Strukturierung der strategischen Partnerschaft und die Wahl eines geeigneten Partners. Die Prinzipien gelten genauso für kommerzielle Partnerschaften wie für gemischte öffentlich-private Partnerschaften, so genannte Public-Private-Partnerships.
Das Internet und die Zunahme des E-Commerce ermöglichen es Marktteilnehmern, enger zusammenzuarbeiten und Informationssysteme und kommerziell interessante Daten gemeinsam zu nutzen.

Definition

Strategische Partnerschaften erlauben es Unternehmen, gemeinsam Marktchancen zu nutzen und effizienter auf Kundenbedürfnisse zu reagieren, als sie dazu im Alleingang in der Lage wären. Solche Vereinbarungen können auf begrenzte Zeit geschlossen werden und müssen nicht exklusiv sein.
Kooperation ist ein Vorgang, bei dem beide Partner einen hohen Grad an zielgerichteter Zusammenarbeit anstreben – mit der Absicht, auf längere Zeit eine kommerzielle Beziehung zu unterhalten. Die Beziehung ist bilateral; beide Partner gestalten die Beziehung und ihre zukünftige Entwicklung gemeinsam.
Partnerschaft bedeutet,

- Risiken zu streuen und anderen zu vertrauen, dass sie im bestverstandenen gemeinsamen Interesse handeln;
- die Strategien der Partner aufeinander abzustimmen, sodass die Ziele harmonieren und die Aktionspläne Synergien erzeugen;
- komplementäre Fähigkeiten, Kompetenzen und Ressourcen bei den Partnern aufzuspüren;

- Informationen zu teilen, die zuvor möglicherweise Betriebsgeheimnis waren.

Vorteile

Eine strategische Partnerschaft kann einem Unternehmen helfen,
- zusätzliche Absatzwege für überschüssige Herstellungskapazitäten zu finden;
- schnell und mit wenig Risiko neue Märkte zu erobern;
- seine technologische Basis zu stärken;
- über hohes Volumen, geringe Kosten und Massenvertrieb Größenvorteile zu erzielen;
- geografische, juristische oder handelstechnische Barrieren zu überwinden;
- Innovationen und die Einführung neuer Produkte zu beschleunigen.

Nachteile

Folgende Probleme können entstehen:
- Die Strategien und/oder die Managementstile sind unvereinbar.
- Infolge eines ungenügenden Auswahlprozesses ist der eine Partner stärker als der andere, was zu einem Ungleichgewicht in der Partnerschaft führt.
- Unterschiedliche Führungsstile verursachen Implementierungsprobleme. Auch wenn die Unternehmen zueinander zu passen scheinen, stehen der Interdependenz (gegenseitige Abhängigkeit), die für eine strategische Partnerschaft erforderlich ist, traditionelle Kontrollmethoden im Wege.
- Eine missverständliche Kommunikation und unklare Berichtsstrukturen stiften Verwirrung und untergraben das Vertrauensverhältnis.
- Entscheidungsfindungsprozesse verlangsamen sich wegen der erforderlichen Abstimmung mit den Unternehmenszentralen.
- Wichtige Voraussetzungen für ein Vermarktungsprojekt sind in einem der beiden Partnerunternehmen konzentriert.
- Unternehmen laufen Gefahr, einen einzigartigen und wertvollen Wissensvorsprung preiszugeben.

Aktionsplan

Phase 1: Strategische Entscheidung zugunsten einer Partnerschaft

1. Bedarfsermittlung

Nur wenige Unternehmen verfügen über sämtliche Ressourcen oder Fähigkeiten, die erforderlich sind, um in Eigenregie neue Marktchancen zu nutzen oder andere Initiativen zu starten und dabei von Größenvorteilen – geringen Kosten, hohem Volumen und Massenvertrieb – zu profitieren. Ein Alleingang bedeutet höhere Investitionen, eine langsamere Reaktion auf veränderte Umstände und die Notwendigkeit, eine Infrastruktur aufzubauen, die möglicherweise binnen kurzem bereits wieder obsolet ist. Andererseits kann Partnerschaft bedeuten, etwas Einzigartiges preiszugeben, das bislang im Alleinbesitz des Unternehmens war.

2. Marktanalyse

Nehmen Sie Ihr Unternehmen in Bezug auf seinen Marktsektor und seine Marktposition unter die Lupe. Versuchen Sie zu verstehen, wer warum die Marktführerschaft innehat, welche Markttrends vorherrschen und in welche Richtung sich der Markt höchstwahrscheinlich entwickeln wird. Die am Unternehmen beteiligten Parteien – Kunden, Beschäftigte, Anteilseigner und Lieferanten – stellen in diesem Zusammenhang unschätzbare Informationsquellen dar.
Führen Sie eine SWOT-Analyse (siehe gesonderte Checkliste) durch und versuchen Sie nachzuvollziehen, wie Sie dahin gelangt sind, wo Sie sich jetzt befinden. Müssen Sie in Ihre technologische Basis, Ihre Kapazitäten oder in neue Märkte investieren? Macht die Stabilität – oder Volatilität – der Märkte Investitionen bezahlbar oder wünschenswert? Finden Sie heraus, wie sich andere Unternehmen in punkto Innovation, Service und Wert für den Kunden im Wettbewerb behaupten.

3. Zukunftsvision

Möglicherweise müssen Sie Ihre Geschäftsvision komplett überdenken oder Ihr Unternehmen ausschließlich auf seine Kernkompetenzen ausrichten. In jedem Fall dürfen Sie sich nicht an die Vorstellungen der Vergangenheit klammern, wenn Sie eine klare Zukunftsvision entwickeln wollen. Eine solche Vision sollte von allen Mitarbeitern des Unternehmens getragen und als seine treibende Kraft empfunden werden.

4. Bestandsaufnahme

Wenn Sie eine strategische Partnerschaft erwägen, sollten Sie eine klare Vorstellung davon mitbringen, wie es in Ihrem Unternehmen wirklich aussieht. Versuchen Sie sich in folgenden Punkten ein Bild von Ihrem Unternehmen zu machen:

- Programme zur kontinuierlichen Verbesserung und Entwicklung;
- Richtlinien und Praktiken, wie Verantwortung delegiert und Engagement und Eigeninitiative gefördert werden;
- Erzeugung, Verarbeitung und Verwendung wichtiger Informationen;
- die Fähigkeit, auf Marktveränderungen flexibel zu reagieren.

Identifizieren Sie die zentralen Prozesse, bei denen Sie eine Spitzenposition einnehmen oder einnehmen sollten. Bestimmen Sie, welche Fähigkeiten Sie entwickeln und verbessern müssen. Spitzenleistung in einer Kernkompetenz ist nur durch jahrelangen Einsatz und kontinuierliche Erneuerung erreichbar. Eine Kernkompetenz ist jedoch vermutlich die beste Trumpfkarte im Verhandlungsprozess um eine strategische Partnerschaftsvereinbarung.

Phase 2: Strukturierung der strategischen Partnerschaft

1. Kooperationsbereich

Es gibt drei Arten von strategischer Partnerschaft, nämlich horizontale, vertikale und diagonale:

- Horizontale Partnerschaften werden üblicherweise mit ehemaligen Wettbewerbern Ihrer Branche gebildet. Kooperationen zum Zwecke gemeinsamer Forschungs- und Entwicklungsanstrengungen gehören in der Regel in diese Rubrik.
- Vertikale Partnerschaften werden normalerweise mit Unternehmen aus der Lieferkette wie beispielsweise Lieferanten, Endverkäufern und Großhändlern geknüpft.
- Diagonale Partnerschaften werden mit Unternehmen aus anderen Branchen gebildet, wie zum Beispiel eine öffentlich-private Partnerschaft zum Bau eines Krankenhauses.

In jedem dieser Fälle hängt die Entscheidung für eine Partnerschaft wesentlich davon ab, ob die Kernkompetenzen einander ergänzen, die Geschäftsstrategien harmonieren und die Unternehmen gegenseitiges Vertrauen haben.

2. Grad der Kooperation

Berücksichtigen Sie

- den optimalen Zeitrahmen für eine Verwirklichung des Projekts,
- die dafür verfügbaren Ressourcen,
- wie formell die Struktur zwischen den Partnern sein muss – rechtliche Konstruktion, Prozesse und Kommunikationsplattformen, Kontrollmechanismen und Organisationsstruktur.

3. Umfang der Partnerschaft

Unter Umständen kann es sinnvoll sein, mehr als zwei Unternehmen an der Partnerschaft zu beteiligen. Produktinnovation, -herstellung und -vertrieb können beispielsweise strategisch von Zusammenschlüssen mehrerer Partner profitieren, von denen jeder spezielle Kompetenzen einbringt und die Partnerschaft bereichert. Auf diese Weise kann ein ganzes Netzwerk entstehen. Mit jedem zusätzlichen Partner erhöht sich jedoch das Risiko von Unstimmigkeiten und Unvereinbarkeiten.

4. Kontrolle

Jede strategische Partnerschaft braucht irgendeine Form der Kontrolle. Entscheiden Sie,

- welcher Partner welche Aktivitäten kontrollieren soll;
- wie viel Kontrolle jeder Partner ausüben soll;
- wie die Partner diese Kontrolle ausüben sollen.

Im Idealfall haben die Partner vergleichbare Kontrollsysteme, aber das ist eher unwahrscheinlich. Die Beiträge der Partner und die Resultate der Partnerschaft lassen sich möglicherweise nur schwer präzise zuordnen, wenn auf der einen Seite Vermarktungs- und Qualitätsziele und auf der anderen finanzielle Ziele die Messlatte bestimmen.

Phase 3: Partnerwahl

1. Bewertung potenzieller Kandidaten

Für die Bewertung potenzieller brancheninterner oder -externer Kandidaten sind in erster Linie Informationen notwendig, welche anschließend analysiert werden müssen. Sobald Sie sich für den horizontalen, vertikalen oder diagonalen Ansatz entschieden haben, sollte Sie nach führenden oder vielversprechenden Kandidaten Ausschau halten, mit denen eine für beide Seiten vorteilhafte Partnerschaft vorstellbar erscheint. Stellen Sie sich Fragen wie die folgenden:

- Was sind die Risiken einer derartigen Kooperation?
- Hat dieser potenzielle Partner möglicherweise versteckte Absichten?
- Wie turbulent ist der gegenwärtige Markt? Wie wird die Zukunft aussehen?
- Sind andere Partner oder Verbündete im Spiel?

Bei gemischten öffentlich-privaten Partnerschaften kann es um milliardenschwere Projekte gehen. Die Auswahl geeigneter Partner ist die entscheidende Voraussetzung, um derartige Projekte im vorgegebenen zeitlichen und finanziellen Rahmen erfolgreich abzuschließen.

2. Partnerschaftsbeauftragter

Bestimmen Sie einen Partnerschaftsbeauftragten aus der oberen Managerriege, der auf allen Ebenen Autorität genießt, gute Analysefähigkeiten besitzt und die Dinge am Laufen hält. Der Beauftragte ist dafür zuständig, ein Rahmenkonzept für die Partnerschaftsvereinbarung zu entwickeln, für die Partnerschaft zu werben und in der Anfangsphase nach dem Rechten zu sehen.

3. Vereinbarkeit

Es ist wichtiger, dass die Partner eine gemeinsame Geschäftsphilosophie haben, als dass ihre kurzfristigen Ziele übereinstimmen. Die Partnerschaft muss mit den übergeordneten strategischen Plänen der beteiligten Unternehmen im Einklang stehen; die gemeinsame Entwicklung von Wertsystemen, Geschäftsplänen, Partnerschaftsstrukturen und Zeitplänen leitet sich daraus ab.

4. Verborgene Gefahren

Unter der Oberfläche vieler scheinbar erfolgreicher Partnerschaften brodeln kulturelle Unvereinbarkeiten. Managementstil, Unternehmensatmosphäre und die alltäglichen Praxisgewohnheiten lassen sich schwer quantifizieren und noch viel schwerer anpassen, und häufig ist es unmöglich, sie einem Unternehmen von außen aufzuzwingen.

Empfehlungen und Warnungen

- Konzentrieren Sie sich auf die Geschäftslogik statt auf kurzfristige Gewinne.
- Identifizieren Sie kritische Bereiche und potenzielle Hindernisse.
- Unterschätzen Sie nicht die Bedeutung harmonierender Unternehmenskulturen.
- Richten Sie flexible Beobachtungs- und Kontrollsysteme ein.
- Nehmen Sie potenzielle Konflikte ernst.
- Planen Sie für große Projekte ausreichend Ressourcenbedarf (Geld, Zeit) ein.

Denkanregungen

- Welchen Veränderungen unterliegen Ihre Märkte?
- Wie lange werden diese Veränderungen anhalten?
- Wie schnell können Sie sich an derartige Veränderungen anpassen?
- Sind Investitionen in Ihre eigenen Ressourcen die beste Antwort?

Literaturhinweise

- Child, John/David Faulkner: *Strategies of Cooperation. Managing Alliances, Networks and Joint Ventures*, Oxford 1998.
- Nooteboom, Bart: *Interfirm Alliances. Analysis and Design*, London 1999.
- Spekman, Robert E./Lynn A. Isabella/Thomas C. MacAvoy: *Alliance Competence. Maximizing the Value of Your Partnerships*, Chichester 1999

Strategische Planung

Zusammenfassung

Diese Checkliste wendet sich an Manager, die sich zum ersten Mal über die strategische Position und Richtung ihres Unternehmens Gedanken machen. Sie bietet ein praxisorientiertes Rahmenkonzept und will weniger einen festgelegten Ablauf vorgeben, als vielmehr zum strategischen Denken anregen.

Das Tempo der Veränderungen in der Unternehmenslandschaft, die Unsicherheit und die Vielfalt der Kundenerwartungen haben mittlerweile so zugenommen, dass das größte Risiko für das Überleben und den Erfolg eines Unternehmens in der versäumten Planung besteht. Strategische Planung hilft Ihnen, die Zukunft zu managen – wenn Sie die Zukunft nicht managen, wird die Zukunft Sie managen.

Es gibt keine magische Formel; jedes Unternehmen ist anders. Erfolgsentscheidend ist deshalb vielmehr, die richtigen Fragen zu stellen. Diese Checkliste erläutert die Fragen, die Sie im Rahmen des strategischen Planungsprozesses berücksichtigen müssen, und sollte in Kombination mit der Checkliste zur Unternehmensvision gelesen werden.

Definition

Strategische Planung beschäftigt sich mit dem Kern dessen, was ein Unternehmen tut, warum es das tut und wie es das tut. In seinem 1993 erschienenen Buch *The Strategy-Led Business* beschreibt Kerry Napuk die strategische Planung eines Unternehmens als »ein umfassendes, zukunftsbezogenes Rahmenkonzept«. Die strategische Planung befasst sich mit einer Reihe grundsätzlicher Fragen:

- Wo sind Sie heute?
- Wie sind Sie dahin gekommen?
- Was ist heute Ihr Bereich?
- Wo wollen Sie in Zukunft sein?
- Wie werden Sie dahin gelangen?

Vorteile

Die strategische Planung liefert einem Unternehmen einen Bezugsrahmen, um

- die Marktposition des Unternehmens zu analysieren;
- mit einer klaren Richtungs- und Zielvorstellung in die Zukunft zu gehen;
- sich auf zentrale Fragen wie Qualität, Produktivität und Kundenzufriedenheit zu konzentrieren;
- Motivation und Kommunikation im gesamten Unternehmen zu verbessern;
- das Unternehmen so zu verändern, dass seine Resultate und seine Rentabilität den Erfordernissen genügen.

Nachteile

Das Fehlen eines Plans macht ein Unternehmen passiv, verwundbar und träge. Der ideale strategische Plan ist

- flexibel – er muss sich an Veränderungen anpassen lassen (aber zu viel Wandel kann Chaos auslösen);
- situationsgerecht – er muss den Markt und die Umfeldbedingungen berücksichtigen;
- kreativ – er muss inspirieren und dem Unternehmen Besonderheit verleihen;
- anspruchsvoll – aber realistisch, damit die Menschen sich nicht überfordert fühlen;
- fokussiert – klar, definiert und für Mitarbeiter und Kunden verständlich.

Aktionsplan

1. Einbeziehung der Mitarbeiter

Die Beteiligung am Planungsprozess sollte sich nicht auf die oberen Unternehmensebenen beschränken. Alle Teile des Unternehmens sollten daran mitwirken, und alle Mitarbeiter sollten sich im eigenen Interesse engagieren.

2. Bestandsaufnahme

Analysieren Sie die Performance der letzten Zeit, um die gegenwärtige

Position des Unternehmens in Bezug auf seinen Markt und seine Branche zu bestimmen:

- Was ist Ihre gegenwärtige Marktposition im Vergleich zu Ihren Wettbewerbern?
- Wie werden Sie von Ihren Kunden gesehen?
- Wie hoch ist Ihr Marktanteil?
- Was sind Ihre Stärken (und Schwächen) im Vergleich zu Ihren Wettbewerbern?
- Befinden Sie sich im Aufwärts- oder Abwärtstrend?

3. Gründe und Faktoren

Bestimmen Sie, was Ihre gegenwärtige Situation beeinflusst hat:

- Was haben Sie auf dem Weg hierher richtig (oder falsch) gemacht?
- Was haben Sie gut (oder schlecht) gemacht?
- Waren Sie zur richtigen Zeit am richtigen Ort?
- Was haben Sie den Marktbedingungen zu verdanken?
- Was war das Ergebnis guter, schlechter oder fehlender Planung?

4. Corporate Identity

Versuchen Sie, eine klare Vorstellung von Ihrer Identität zu bekommen:

- Welche Art von Leuten arbeitet in Ihrem Unternehmen?
- Welche Werte vertreten Sie?
- Welche Stärken (oder Schwächen) haben Ihre Mitarbeiter?
- Welche Art von Führung praktizieren Sie?
- Wie würden Sie die Unternehmensmoral beschreiben?

Es ist wichtig, dass Sie sich ein wahrheitsgetreues und kein rosa gefärbtes Bild von Ihrem Unternehmen machen. Achten Sie nicht nur auf das, was Sie sehen wollen – verschaffen Sie sich einen umfassenden Eindruck, suchen Sie nach Beweisen und stellen Sie Ihre Zukunftsplanung auf eine realistische Grundlage.

5. SWOT-Analyse

Fassen Sie die Ergebnisse der in den Schritten 2 bis 4 vorgenommenen externen und internen Audits unter den Rubriken (interne) Stärken und Schwächen und (externe) Chancen und Risiken zusammen.

6. Ihr Bereich

Ziehen Sie Ihre eigenen Marketingmaterialien zu Rate. Geht daraus hervor, warum es Ihr Unternehmen gibt? Denken Sie an Ihren Unternehmensschwerpunkt – warum es Sie gibt und worin Ihre Tätigkeit besteht. Der Bereich, in dem ein Unternehmen tätig ist, bildet in der Regel die Grundlage seines *Mission-Statements*. In Zeiten zunehmender Spezialisierung besteht die Gefahr, dass ein Unternehmen seinen Bereich zu eng fasst; in Zeiten, die zunehmend Diversifikation verlangen, läuft ein Unternehmen gleichzeitig Gefahr, in zu vielen Bereichen tätig zu sein. Engen Sie Ihren Horizont nicht so weit ein, dass Sie Chancen verpassen, aber dehnen Sie ihn auch nicht so weit aus, dass Sie an Konzentration und Ausstrahlungskraft verlieren.

7. Zukunftspläne

Wollen Sie in Ihrem Bereich bleiben? Wo sehen Sie sich in der Zukunft? Diese Überlegungen erfordern eine Zukunftsvision zusammen mit konkreten Zielen, die, wenn sie erreicht werden, diese Vision Wirklichkeit werden lassen. Sie wollen in neue Bereiche expandieren? Warum? Sie wollen Ihrem Kernbereich Priorität geben? Was ist Ihr Kernbereich? Um sich eine Vorstellung davon zu machen, wo Sie sich Ihr Unternehmen in der Zukunft wünschen, müssen Sie eine Richtung definieren, an der Sie sämtliche Planungen und Entscheidungen ausrichten. Diese Richtung findet in der Regel ihren Ausdruck in einem *Vision-Statement*. Die Begriffe »Mission« und »Vision« werden oft durcheinander gebracht, denn sie haben viel gemeinsam. Unabhängig davon, wo die Grenzlinie gezogen wird, muss die Unternehmensführung klar bekunden, in welchem Bereich das Unternehmen tätig ist, wohin es sich bewegt und wie es dorthin gelangen wird. Das Statement sollte

- eine klare Botschaft an alle beteiligten Parteien und an den Markt senden;
- inspirieren und zugleich realistisch sein;
- motivieren und zugleich glaubwürdig sein;
- fordern, ohne zu überfordern.

Vergleichen Sie die tatsächliche Situation Ihres Unternehmens mit dem Bild, das sich aus den Schritten 2 bis 6 ergibt.

8. Zeitplan

Visionen verkörpern in der Regel eine langfristige Perspektive. Wenngleich ein Unternehmen Zeit braucht, um Denkweisen zu verändern und Ressourcen umzuschichten, erfordern die operativen Ziele immer engere Zeitrahmen. Als allgemeine Regel könnte gelten, dass die Verwirklichung von Visionen bis zu acht oder zehn Jahre dauern kann, während strategische Planungsprozesse Ziele setzen sollten, die sich innerhalb von zwei bis vier Jahren erreichen lassen.

9. Zielsetzung

Richtung und Zielpunkt müssen klar formuliert, kommuniziert und abgestimmt werden. Treten Sie bestimmt auf, aber vermeiden Sie Starrheit, die keine Veränderungen zulässt. Legen Sie Ziele fest, indem Sie fragen, was getan werden muss, um die Realisierung der Vision voranzubringen. Berücksichtigen Sie:

- Rentabilität und Investitionsrendite,
- Marktanteil und Marktbedürfnisse,
- Produkt-/Dienstleistungsqualität und Kundenservice,
- Wachstum und öffentliche Verantwortung,
- Beteiligung und Engagement.

Ihre Ziele können einige oder sämtliche dieser Elemente betreffen und sollten messbar sein. Sie sollten die Verwirklichung der Vision fördern. (Siehe Checkliste zum Thema Zielsetzung.)

10. Wege zum Ziel

Strategien sollten die Schwächen des Unternehmens berücksichtigen und aufzeigen, wie diese behoben werden können. Machen Sie sich Gedanken zum Grad der Mitarbeiterbeteiligung und -entwicklung; kalkulieren Sie Fabriken und Anlagen und die benötigten Investitionen; prüfen sie flexible Kontrollsysteme und die Informationen, über die Sie verfügen (oder auch nicht), um Entscheidungen zu treffen. Die SWOT-Analyse aus Schritt 5 bezog sich auf die Vergangenheit und die Gegenwart; jetzt ist es Zeit, Fragen an die Zukunft zu stellen.

Außerhalb des Unternehmens:

- Welche Veränderungen vollziehen sich auf den heutigen Märkten?
- Wie entwickeln sich die Einstellungen und Wünsche der Kunden?
- Wie entwickelt sich die Technologie?

- In welchen Marktbereichen haben Sie die besten Erfolgschancen?
- Was werden sich die Kunden in Zukunft wünschen?
- Wie wollen Sie mit Wettbewerbern verfahren?

Und innerhalb:

- Welche Mitarbeiterfähigkeiten müssen Sie entwickeln?
- Wie können Sie Ihre Produkte und/oder Dienstleistungen verbessern?
- Wie kann die Leistung an die Nachfrage angepasst werden?
- Was sind Ihre kritischen Erfolgsfaktoren?
- Wie wollen Sie die benötigten Ressourcen erzeugen?

11. Kommunikation und Feedback

Machen Sie die Einzelheiten des gerade entstehenden Plans im Unternehmen bekannt. Konsultation und Feedback sind entscheidende Voraussetzung dafür, dass der Plan vom Unternehmen verstanden und angenommen wird. Zudem stellen Ihre Beschäftigten eine wertvolle Informationsquelle dar, was Risiken und Chancen betrifft. In Abhängigkeit von der Größe des Unternehmens sollte der strategische Plan in Businesspläne, operative Pläne, Marketingpläne, Finanzpläne (Budgets), Projektpläne und individuelle Entwicklungspläne übersetzt werden.

12. Anpassung und Aktualisierung

Ziel der strategischen Bemühungen ist es, Produkte, Märkte und Technologien so zu kombinieren, dass die damit erzielten Ergebnisse die Unternehmensvision verwirklichen. Die einzige Konstante ist die Nähe zum Markt. Um diese zu erreichen, muss sich das Unternehmen kontinuierlich verändern und immerzu den Fortschritt mit dem Plan vergleichen. Dieser Abgleich bildet den zentralen Prozess, der anzeigt, wie viel Veränderung und Modifikation erforderlich ist, während der Plan ständig an veränderte Technologien und Marktkräfte angepasst und um neue Marktchancen erweitert wird. Ein strategischer Plan ist ein »rollender« Plan: Fünfjahrespläne sollten alle drei Jahre, Dreijahrespläne alle zwei Jahre neu aufgelegt werden.

Denkanregungen

- Haben Sie die strategischen Pläne anderer Unternehmen studiert? Wenn ja, wirken Sie glaubwürdig?
- Wie gut kennen Sie Ihre Branche/Ihren Marktsektor?
- Wie dicht sind Sie an Ihren Kunden?

Literaturhinweise

- Mintzberg, Henry, et al.: *Strategy Safari*, Frankfurt/Main 2002.
- Simon, Hermann: *Das große Handbuch der Strategiekonzepte. Ideen, die die Businesswelt verändert haben*, Frankfurt/New York 2000.

Stressmanagement

Zusammenfassung

Diese Checkliste soll Ihnen dabei helfen, Stresssymptome und -ursachen zu erkennen und Gegenstrategien zu entwickeln.

Die Zunahme von *Downsizings*, Schließungen und Restrukturierungen setzt Manager und Beschäftigte gleichermaßen unter Stress. Zudem haben technologische Veränderungen, die nur dazu gedacht waren, die Kommunikation zu beschleunigen – Faxgeräte, Mobiltelefone und E-Mail –, den Nebeneffekt, dass wir heute 24 Stunden am Tag erreichbar sind. Das ist ein todsicheres Rezept für eine Katastrophe. Die negativen Auswirkungen, die »schlecht gemanagter« Stress hat, bürden den Unternehmen und der Gesamtgesellschaft stattliche Kosten auf. Schätzungen besagen, dass sich die Stresskosten allein in Großbritannien auf jährlich 40 Millionen Arbeitstage oder 11 Milliarden Euro belaufen. Die Kosten für die Betroffenen lassen sich schwerer abschätzen, aber die Auswirkungen auf die Lebens- und Beziehungsqualität sind vermutlich beträchtlich.

Definition

In ihrem Buch *Coping with Stress at Work* definiert Jaqueline M. Atkinson Stress als »die subjektive Wahrnehmung, dass die eigenen Fähigkeiten nicht ausreichen, um den gestellten Anforderungen gerecht zu werden«.
Studien belegen, dass Stress in enger Beziehung zu dem Grad an Kontrolle steht, den der Einzelne über seine Arbeit hat. Selbstgesteuerter Druck kann in sehr hohen Dosen bewältigt werden, während die Schwelle für von außen auferlegten Druck sehr gering ist. Das Stresserlebnis ist deshalb höchst individueller Natur.
Druck kommt aus vielen verschiedenen Richtungen und wirkt sich zu unterschiedlichen Zeiten unterschiedlich auf uns aus. In manchen Situationen empfinden wir selbst starken Druck als Anreiz und Ansporn, und wir laufen dabei gelegentlich sogar zu Höchstform auf und überbieten unsere Bestleistung. In anderen Situationen hingegen leiden wir, zeigen Anzeichen der Überforderung, und es scheint uns, dass wir weder die gesetzten Fristen noch die gestellten Erwartungen erfüllen können. Das ist Stresserfahrung. Die meisten Menschen brauchen als Motivation einen gewissen Druck – erst, wenn der Druck zu stark wird, beginnen die Probleme.

Aktionsplan

1. Symptome

Symptome zeigen Ihnen, dass Sie möglicherweise unter Stress stehen. Folgende Symptome kommen häufig vor:

- Gesundheitliche Probleme – Kopfschmerzen, Schlafstörungen, Appetitschwankungen, Muskelverkrampfungen, Verdauungsstörungen, Erschöpfung, Magen-, Darm- oder Hautprobleme, Herzinfarkte;
- Verhaltensprobleme – Unruhe, Nervosität, Antriebslosigkeit, Unschlüssigkeit, Einfallslosigkeit, Nägelkauen, Kettenrauchen, Alkoholkonsum;
- Arbeitsprobleme – Unzufriedenheit am Arbeitsplatz, Unfähigkeit zur Kommunikation, Zerstreutheit.

All diese Symptome kommen auch im normalen Leben vor; sie werden erst dann zu Stresssymptomen, wenn mehrere von ihnen gleichzeitig auftauchen, wenn sie keinen offensichtlichen Grund haben oder wenn sie öfter auftreten als erwartet. Auch wenn diese Symptome gehäuft im Arbeitsumfeld vorkommen, muss das noch nicht bedeuten, dass dort auch ihre Ursachen liegen.

2. Ursachen

Wir leben in einer turbulenten Zeit und müssen uns ständig an technologische und gesellschaftliche Veränderungen anpassen. Zudem unterliegt unser Leben immer wiederkehrenden, vorhersehbaren Belastungsmustern, die, je nach Anlass, sowohl Stress als auch Befriedigung bewirken können.

Im Privatleben:

- der Tod eines nahestehenden Menschen,
- Scheidung,
- Unfall oder lange Krankheit,
- Wohnortwechsel,
- hohe Hypotheken- oder Kreditkartenschulden,
- Ferien,
- Geburt eines Kindes (besonders des ersten),
- alltägliche Probleme mit einer wachsenden Familie.

Am Arbeitsplatz:

- Zeitnot,
- knappe Fristen,
- Beziehungen zu Kollegen,
- zu viel oder zu wenig Arbeit,
- Unternehmens- oder Arbeitsplatzveränderungen,
- drohender Stellenverlust,
- Druck von oben,
- unsensibles Management.

3. Individuelle Reaktion

Menschen reagieren auf diesen Druck von außen, je nach Temperament und Lebensumständen, sehr unterschiedlich. Wir können im wesentlichen zwischen zwei Persönlichkeitstypen unterscheiden: Typ A kann als streitbar, offensiv und ungestüm beschrieben werden, während Typ B genau das Gegenteil darstellt. Menschen vom Typ A neigen dazu, Stress auf andere zu übertragen, während Menschen vom Typ B ihn eher in sich hineinfressen. Andere Merkmale wie Alter, Geschlecht,

Gesundheitszustand, finanzielle Situation und Unterstützung durch andere können unabhängig von der Persönlichkeit die Reaktion auf Veränderungen beeinflussen.

4. Gegenstrategien

Da Menschen auf Stress unterschiedlich reagieren, besitzen sie auch unterschiedliche Strategien, um damit fertig zu werden. Finden Sie heraus, welche Strategien Ihnen in der Vergangenheit geholfen haben, wie zum Beispiel:

- den äußeren Druck ausschalten oder vermindern;
- Unveränderliches hinnehmen und akzeptieren;
- große Probleme in kleinere, lösbare Brocken aufteilen.

5. Notwendige Änderungen

Ändern Sie sich selbst: Mitunter sind wir selbst unser ärgster Feind.

- Seien Sie realistisch.
- Erkennen Sie Ihre eigenen Schwächen.
- Sprechen Sie mit anderen, bei der Arbeit und zu Hause. Unterdrücken Sie Ihre Gefühle nicht.
- Denken Sie daran, dass Sie nicht der einzige Gestresste sind. Sie sind nicht allein.

Ändern Sie Ihre Beziehungen: Sie können ebenso wohltuend wie zermürbend sein.

- Investieren Sie in Beziehungen, die Ihre Entwicklung fördern und Ihnen Unterstützung bieten.
- Ziehen Sie sich aus Beziehungen zurück, die Ihnen eher schaden.

Ändern Sie Ihre Aktivitätsmuster: Wenn Sie das Richtige tun, können Sie Stress abbauen und finden zu einem besseren Gleichgewicht.

- Entspannen Sie sich, wenn es nötig ist, mittels bewährter Techniken.
- Entwickeln Sie Interessen, die Ihnen gut tun.
- Betätigen Sie sich sportlich. Das ist eine gute Methode, um Spannungen abzubauen.
- Ernähren Sie sich vernünftig – ein ausgewogener Speiseplan ist wichtig.
- Schlafen Sie ausreichend, damit Sie immer frisch sind.

Ihr Glück und Wohlbefinden hängt davon ab, dass Sie etwas verändern. Wenn Sie selbst aktiv werden, reduziert das den Druck, bewirkt tiefgreifende Persönlichkeits- und Stimmungsveränderungen und bringt frischen Schwung in Ihr Leben. Davon profitieren sowohl Sie als auch die Menschen, die mit Ihnen leben und arbeiten.

Empfehlungen und Warnungen

- Erkennen Sie die Symptome und Warnzeichen Ihres Körpers.
- Identifizieren Sie die Stressursachen.
- Akzeptieren Sie sich, wie Sie sind.
- Zügeln Sie sich. Konzentrieren Sie sich auf die Lösung konkreter Aufgaben, anstatt sich zu verzetteln.
- Vergessen Sie die knapp verpassten Chancen.
- Kommunizieren Sie effektiv. Das spart Zeit und Energie.
- Sprechen Sie über arbeitsbedingten Stress mit Ihrem Vorgesetzten.
- Vermeiden oder reduzieren Sie allen äußerlichen Stress.
- Machen Sie eine Pause. Scheuen Sie sich nicht, sich zu entspannen – das ist notwendig, um frische Energie zu tanken.
- Lassen Sie es sich gelegentlich gut gehen.
- Achten Sie auf Ihre Gesundheit und machen Sie sich mit Entspannungstechniken vertraut.
- Reden Sie mit anderen.
- Setzen Sie Stress nicht mit Schwäche gleich.
- Überspielen Sie Stress nicht – Reden hilft.
- Ignorieren Sie den Stress nicht in der Annahme, er würde von selbst weggehen.
- Schieben Sie die Schuld nicht auf andere oder die Umgebung.
- Verfallen Sie nicht in Untätigkeit. Etwas zu tun, was Ihnen Freude bringt, ist heilsamer, als nichts zu tun und zu viel Zeit zum Grübeln zu haben.

Denkanregungen

- Welchen Rat würden Sie einem Mitarbeiter geben, der unter Stress steht?
- Worauf verwenden Sie den Großteil Ihrer Zeit und Aufmerksamkeit – zählen für Sie eher Aufgaben oder Menschen?
- Häufig gehen wir selbst mit uns am schlechtesten um: Stellen Sie unrealistische Erwartungen an sich selbst? Wie könnten Sie das vermeiden?
- Wie viel Druck üben Sie auf Ihre Mitarbeiter aus?

Literaturhinweise

- Atkinson, Jaqueline M.: *Coping with Stress at Work*, London 1994.
- Quick, James C./Jonathan D. Quick: *Unternehmen ohne Stress*, Hamburg 1986.
- Quick, James C. et al.: *Stress and Challenge at the Top. The Paradox of the Successful Executive*, Chichester 1990.
- Straw, Alison/Cary L. Cooper: *Successful Stress Management in a Week*, 2. Aufl., London 1998.

Supply-Chain-Management

Zusammenfassung

Diese Checkliste beschreibt einige der wichtigsten Elemente im Supply-Chain-Management. Sie konzentriert sich auf die Bereiche Geschäftsanalyse, Lieferantenmanagement, Partnerschaften und Netzwerke.
Eine integrierte Lieferkette, in der alle Unternehmen zusammenwirken, um den einfachsten und kosteneffektivsten Ressourcenfluss zu gewährleisten, ist für jeden Lieferanten wichtig, denn Lieferkettenaktivitäten können zwischen 5 und 20 Prozent des Umsatz ausmachen. In vielen Branchen setzt sich mittlerweile die Einsicht durch, dass die Zukunft nicht einzelnen Unternehmen, sondern Unternehmensverbunden gehört, die ihre Kooperation auf immer leistungsfähigere Technologiesysteme stützen können.

Definition

Supply-Chain-Management ist ein effektives Instrument zur Verbesserung von Geschäftsprozessen. Es beginnt bei der Nachschubquelle und endet mit dem Konsum durch den jeweiligen Endverbraucher. Supply-

Chain-Management umfasst den Material- und Informationsfluss vom Lieferanten über eine Reihe wertschöpfender Prozesse und Vertriebskanäle bis zum Kunden.
Das Ziel des Supply-Chain-Managements besteht darin, zwischen hochwertigem Kundenservice und geringen Lagerhaltungs-/Stückkosten eine Balance herzustellen. Es umfasst zahlreiche Aspekte:

- Einkauf,
- Materialtransport,
- Materialmanagement,
- Produktionsmanagement,
- Lieferantenmanagement.

Vorteile

Ein sorgfältig entworfenes und gemanagtes *Supply-Chain-Management*

- verbessert den Kundenservice;
- schafft einen Ausgleich zwischen Kosten und Servicequalität;
- reduziert die Kosten quer durch die Lieferkette;
- stellt Beziehungen zwischen Abnehmern und Lieferanten her;
- bietet allen Unternehmen in der Lieferkette einen Wettbewerbsvorsprung.

Nachteile

Ein Supply-Chain-Management scheitert, wenn

- ein Unternehmen in der Lieferkette die Macht an sich zieht und ausübt;
- die Unternehmen hinsichtlich ihrer Strategien oder ihres Managementstils nicht miteinander kompatibel sind;
- einige Unternehmen nicht bereit sind, zum Nutzen aller zu kooperieren.

Aktionsplan

1. Markt

Um zu entscheiden, wo die Strategie des Supply-Chain-Managements am effektivsten eingesetzt werden kann, müssen Sie mit dem Geschäftsumfeld vertraut sein. Untersuchen Sie die Markteigenschaften für Ihre gesamte Produkt- und Dienstleistungspalette. Berücksichtigen Sie dabei:

- die Kundenwünsche,
- den von Lieferanten ausgeübten Druck,
- die Intensität des Wettbewerbs.

Führen Sie eine SWOT-Analyse (Stärken, Schwächen, Chancen, Risiken) durch und nehmen Sie Ihre gegenwärtige Situation unter die Lupe. Finden Sie heraus, was andere Unternehmen tun, um in den Bereichen Qualität, Service, Vertrieb und Wert im Wettbewerb zu bestehen.

2. Kernkompetenzen

Notieren und bewerten Sie die gegenwärtigen Kernkompetenzen Ihres Unternehmens. In welchem Bereich sind Sie aktiv? Welche Aktivitäten bilden den Kern des Unternehmens und welche könnten ausgelagert werden?

Vergleichen Sie Kundenwünsche und strategische Prioritäten und identifizieren Sie diejenigen Bereiche, in denen ein integriertes Lieferkettenmanagement Vorteile bringen könnte.

Analysieren Sie Ihre Position in der Lieferkette. Wo befinden sich Ihre Lieferanten und Kunden? Unterhalten Sie mit ihnen gute Beziehungen? Wie viel Kooperation praktizieren Sie bereits?

3. Lieferantenbasis

Erstellen Sie eine Liste Ihrer Lieferanten in sämtlichen Produktbereichen und bewerten Sie sie nach Leistungskriterien wie Preis, Verlässlichkeit, Flexibilität, Lieferbedingungen, Verwendung von Qualitätssystemen und Produktspezifikation.

Wie viele Lieferanten benötigen Sie? Die meisten Unternehmen haben viel zu viele Lieferanten. Die Hauptgründe dafür sind:

- die Vorstellung, die Beschränkung auf eine Quelle sei zu riskant;
- schlechte Lieferantenleistung, die zur Suche nach Alternativen zwingt;
- eine Nachfragezunahme, welcher die bestehenden Lieferanten nicht gewachsen sind;
- die Vorstellung, Konkurrenz unter den Lieferanten würde den Preis niedrig halten.

Eine zu große Zahl von Lieferanten erhöht sowohl den Managementaufwand, der zu ihrer Kontrolle nötig ist, als auch die entsprechenden Verwaltungskosten. Eine Reduzierung dieser Zahl in Richtung *Single Sourcing* würde Vorteile wie die folgenden bringen:

- geringere Verwaltungskosten;
- mehr Zeit, um jeden einzelnen Lieferanten zu managen;
- eine Verbesserung der Beziehung zwischen Ihnen und dem Lieferanten;
- eine flexiblere Problemlösung aufgrund eines besseren Verständnisses für die wechselseitigen Schwierigkeiten und Erfordernisse sowie eine bessere Kommunikation.

4. Reduzierung der Lieferantenbasis

Teilen Sie Ihre Lieferanten in einige wenige Kategorien ein, wie zum Beispiel »leistungsschwach«, »bevorzugt« und »strategisch«. Verwenden Sie diese Kategorien, um die Kosten für Ihr Unternehmen und die Lieferkette zu reduzieren.

Leistungsschwache Lieferanten werden wohl kaum viele Ideen zur Verbesserung der Lieferkette beisteuern. Sie erzeugen lediglich Kosten – in Form von Verhandlungszeit und Verwaltungsaufwand. Wenn Sie ihre Zahl deutlich reduzieren, schaffen Sie freie Zeit, die Sie für produktivere Lieferantenaktivitäten verwenden können.

Verhandeln Sie mit den bevorzugten Lieferanten, inwieweit sich Lagerhaltungs-, Vertriebs- und Handhabungskosten verringern lassen. Im Gegenzug zu langfristigen Lieferverpflichtungen sind Kostenübertragungen denkbar.

Bedenken Sie auch die Position Ihrer Kunden. Sind Sie für Ihre Kunden ein bevorzugter oder strategischer Lieferant? Haben Sie die Frage der Lagerhaltungs-, Vertriebs- und Handhabungskosten mit ihnen diskutiert? Hat man Ihnen eine langfristige Liefervereinbarung angeboten?

5. Partnerschaften

Partnerschaften sind die nächste natürliche Stufe in der Evolution einer Lieferkette. Partnerschaften erlauben den Unternehmen, gemeinsam von Marktchancen zu profitieren und effektiver auf Kundenwünsche zu reagieren, als ihnen dies im Alleingang möglich wäre. Partnerschaft bedeutet,

- Risiken mit anderen zu teilen und darauf zu vertrauen, dass alle im besten gemeinsamen Interesse handeln;
- die Strategien der Partner aufeinander abzustimmen, sodass ihre Ziele harmonieren und ihre Aktionspläne Synergien erzeugen;

- in den Partnern komplementäre Fähigkeiten, Kompetenzen und Ressourcen zu finden;
- Informationen auszutauschen, die bislang vertraulich behandelt wurden;
- Lieferanten frühzeitig an der Entwicklung neuer Produkte zu beteiligen.

Beginnen Sie mit einem einzelnen Partner, mit dem Sie bereits eine gute Beziehung haben, oder gehen Sie eine Partnerschaft mit einem aufstrebenden, vielversprechenden Lieferanten ein.

Bestimmen Sie jemanden aus den oberen Managementetagen zum Partnerschaftsbeauftragten für Ihr Unternehmen. Dessen Aufgabe ist es, die Basis für die Partnerschaft zu legen und sie in der Anfangsphase zu begleiten.

Sie können sich auf die Partnerschaft vorbereiten, indem Sie

- sich bemühen, die Beziehungen zu verbessern und gemeinsame Kostenvorteile zu entdecken;
- nach Ideen suchen, die für beide Seiten Nutzen bringen;
- damit beginnen, Vertrauen zu schaffen.

6. Liefernetze

Als nächstes werden diese Partnerschaften auf die Zulieferer Ihrer Zulieferer und auf Ihre Kunden ausgedehnt.

Ein Prozessplan der gesamten Lieferkette kann hilfreich sein. Verwenden Sie diesen Plan, um die Gesamtkosten und die Warenbewegungen zu untersuchen. Lassen sich aus dem Plan »Verschwendungsbereiche« erkennen?

Mit dem vollen Einsatz aller Mitglieder einer Lieferkette lassen sich die Gesamtkosten zum Nutzen aller minimieren. Lassen Sie sich Zeit für die Entwicklung eines Win-Win-Szenarios. Vertrauen entsteht nur langsam und ist schnell verspielt. Jedes Unternehmen ist jedoch in erster Linie für sein eigenes Überleben verantwortlich und kann nicht immer die eigenen Bedürfnisse hinter denen anderer zurückstellen.

7. Beobachtung

Die Einrichtung einer Lieferkette ist nur der erste Schritt. Sie sollten kontinuierlich darauf achten, dass sie planmäßig funktioniert und für alle Seiten Nutzen bringt.

Analysieren Sie regelmäßig geeignete Leistungskriterien und Indikatoren, um sicherzustellen, dass alles nach Plan verläuft. Identifizieren Sie jede Schwachstelle und ergreifen Sie die erforderlichen Maßnahmen. Lieferverzögerungen können beispielsweise von kurzfristigen Problemen wie einem Hafenarbeiterstreik oder von potenziell schwerwiegenden langfristigen Problemen wie Materialengpässen herrühren. Leistungsindikatoren sollten helfen, den Nutzen der Lieferkette in Form von verminderten Kosten, kürzeren Lieferzeiten, verbesserter Qualität, geringerem Verwaltungsaufwand sowie verbesserter Kundenzufriedenheit zu quantifizieren.

Empfehlungen und Warnungen

- Stellen Sie langfristige Gewinne über kurzfristige Vorteile.
- Streben Sie nach Verbesserungen im Kundenservice.
- Verstärken Sie Kooperation und gegenseitiges Vertrauen.
- Vergessen Sie nicht, zuerst vor Ihrer eigenen Tür zu kehren.
- Verschließen Sie vor potenziellen Konflikten nicht die Augen.
- Gehen Sie keine Partnerschaft ein, solange nicht die Führungsetagen beider Unternehmen dahinter stehen.

Denkanregungen

- Wie viele Lieferanten haben Sie? Wie groß sollte Ihre Lieferantenbasis sein?
- Wie sieht die Einstellung Ihres Unternehmens zur Lieferkette aus?
- Wie gut wird Ihre Lieferkette den Wünschen Ihrer Kunden gerecht?
- Haben Sie mit Ihren Lieferanten eine Zusammenarbeit zur Verbesserung der Arbeitsweise vereinbart?

Literaturhinweise

- Parker, Nick: *Supply Chain Management*, Corby 1997.
- Taylor, David H.: *Global Cases in Logistics and Supply Chain Management*, London 1997.
- Tyndall, Gene R.: *Supercharging Supply Chains. New Ways to Increase Value through Global Operational Excellence*, New York 1998.

SWOT-Analyse

Zusammenfassung

Diese Checkliste richtet sich an jeden Manager, der eine SWOT-Analyse durchführen oder an ihr teilnehmen will. SWOT ist die Abkürzung für *strengths* (Stärken), *weaknesses* (Schwächen), *opportunities* (Chancen) und *threats* (Risiken). Es handelt sich um eine einfache, weit verbreitete Technik, die dazu dient, Pläne zu erstellen oder zu verbessern, Probleme zu lösen, Entscheidungen zu treffen oder Mitarbeiter für die Notwendigkeit von Veränderungen zu sensibilisieren. In der letzten Zeit gab es jedoch Zweifel an der Zweckmäßigkeit der SWOT-Analyse, die heute in gewissem Maße als veraltet bezeichnet werden kann.

Definition

Die SWOT-Analyse ist eine allgemeine Technik, die sich auf alle Managementfunktionen und -aktivitäten anwenden lässt, sich aber besonders für die frühen Stadien der Strategie- und Absatzplanung eignet.
Bei einer SWOT-Analyse werden die Stärken, Schwächen, Chancen und Risiken einer Aufgabe, eines Mitarbeiters, einer Abteilung oder eines Unternehmens identifiziert und protokolliert. Meist wird sie im Rahmen eines abteilungs- oder untermehmensweiten Strategieprozesses eingesetzt. Die Analyse berücksichtigt interne Faktoren (Stärken und Schwächen) sowie externe Faktoren (Chancen und Risiken).

Vorteile

Eine SWOT-Analyse bietet

- ein Rahmenkonzept zur Identifizierung und Analyse von Stärken, Schwächen, Chancen und Risiken;
- einen Anreiz, eine Situation zu analysieren und geeignete Strategien und Taktiken zu entwickeln;
- eine Basis für die Bestimmung von Kernfähigkeiten und -kompetenzen;

- Argumente und den kulturellen Schlüssel für Veränderungen;
- einen Anreiz für die Teilnahme an einer Gruppenerfahrung.

Nachteile

Hill und Westbrook argumentieren, dass die SWOT-Analyse angesichts der vielgestaltigen und instabilen Märkte von heute zu wenig in die Tiefe geht. Als Analyseinstrument sei sie unter anderem deswegen ineffektiv, weil sie

- lange Listen erzeugt;
- eher beschreibt, als analysiert;
- Prioritäten ignoriert;
- in den späteren Phasen des Planungs- und Implementierungsprozesses häufig ignoriert wird.

Aktionsplan

1. Zielsetzung

Der erste Schritt in jedem Managementprojekt besteht darin, klar zu sagen, was Sie tun, und warum Sie es tun. Der Zweck der Durchführung einer SWOT-Analyse kann weit oder eng, allgemein oder speziell sein – sei es, dass Sie Ihren Mitarbeitern ein tieferes Verständnis von den Geschäftszusammenhängen vermitteln und sie stärker einbeziehen wollen, oder dass es gilt, eine Strategie oder sogar die Gesamtrichtung des Unternehmens zu überdenken.

2. Auswahl geeigneter Teilnehmer

Die Frage, wer zu der Analyse beiträgt, ist wichtig, wenn die abschließenden Empfehlungen das Ergebnis eines Beratungs- und Diskussionsprozesses sein sollen und nicht nur die persönlichen Ansichten Einzelner wiedergeben sollen – mögen diese auch noch so fachkundig sein.

- Stellen Sie eine Mischung aus fachlich versierten und kreativen Leuten zusammen, die in der Lage und bereit sind, sich einzubringen.
- Überlegen Sie, ob es hilfreich sein könnte, Mitarbeiter verschiedener Unternehmensebenen zusammenzubringen.
- Machen Sie sich Gedanken über die Anzahl: Sechs bis zehn Leute sind im Prinzip ausreichend, besonders in einem SWOT-Workshop, aber es können auch 25 bis 30 sein, wenn Sie vorhaben, Mitarbeiter von der Notwendigkeit von Veränderungen zu überzeugen.

3. Aufgabenverteilung

Gute Vorbereitung ist eine wichtige Voraussetzung für die Effektivität der Analyse und sollte auf die SWOT-Teilnehmer aufgeteilt werden. Die Vorbereitung kann in zwei Phasen stattfinden: einer erklärenden mit anschließender Datenbeschaffung und einer detaillierten mit anschließender sorgfältiger Analyse.

- Bei der Informationsbeschaffung zu den Stärken und Schwächen sollten Sie sich auf interne Faktoren wie Fähigkeiten, Ressourcen und Anlagen konzentrieren.
- Bei der Informationsbeschaffung zu den Chancen und Risiken sollten Sie sich auf externe Faktoren wie gesellschaftliche und wirtschaftliche Trends konzentrieren, über die sie wenig oder keine Kontrolle haben.

4. Workshop-Atmosphäre

Wenn die Aufstellung der SWOT-Listen in Gruppensitzungen stattfindet, sollten Sie für eine angenehme Workshop-Atmosphäre sorgen, von der alle profitieren. Schaffen Sie ein Umfeld, in welchem Informationen ungehindert fließen und die Teilnehmer offen und ohne Angst sagen können, was sie denken. Dem Diskussionsleiter kommt dabei eine Schlüsselrolle zu; er sollte Zeit für den freien Gedankenaustausch lassen, wenn auch in Grenzen. So ist beispielsweise eine halbe Stunde für die Ermittlung der Stärken in der Regel ausreichend. Während die SWOT-Listen zusammengetragen werden, sollten die Teilnehmer nicht nur beschreiben, sondern auch konkretisieren, bewerten und analysieren.

5. Stärken

Stärken betreffen beispielsweise Unternehmen, Umfeld, Öffentlichkeitsbeziehungen, das Bild des Unternehmens in der Öffentlichkeit, Marktanteile und Mitarbeiter. Der letzte Punkt umfasst Fähigkeiten und Kenntnisse, die einen Wettbewerbsvorsprung garantieren oder vergangene Erfolge erklären. Weitere Stärken in diesem Bereich sind

- freundliche, kooperative und hilfsbereite Mitarbeiter,
- ein Mitarbeiterentwicklungs- und Schulungskonzept,
- Mitarbeiterengagement aufgrund von Aufgabendelegierung und Vertrauen.

Beim Unternehmen zählen Faktoren wie

- Kundenbindung,
- Kapitalbasis und stabile Jahresbilanz,
- effektive Kostenkontrollprogramme,
- effiziente Verfahren und Systeme sowie eine gut entwickelte soziale Verantwortung.

6. Schwächen

Diese Sitzung sollte nicht dazu dienen, das Unternehmen zu kritisieren, sondern eine ehrliche Bestandaufnahme zu machen. Die wichtigsten Fragen lauten:

- Welche Hindernisse verhindern den Fortschritt?
- Welche Elemente müssen verstärkt werden?
- Woher kommen die Beschwerden?
- Gibt es wirklich schwache Kettenglieder?

Auf der Negativliste könnten beispielsweise stehen:

- fehlende neue Produkte oder Dienstleistungen;
- eine rückläufige Marktentwicklung für Ihr Hauptprodukt;
- mangelnde Konkurrenzfähigkeit und überhöhte Preise;
- wissentliche oder unwissentliche Nichteinhaltung gesetzlicher Vorschriften;
- mangelndes Bewusstsein für Mission, Ziele und Richtlinien des Unternehmens;
- zu hohe Mitarbeiterfehlzeiten;
- mangelnde systematische Beobachtung von Erfolg oder Misserfolg.

Nicht selten sind es bestimmte Mitarbeiterprobleme – mangelhafte Kommunikation, unzureichende Führung, fehlende Motivation, zu wenig echtes Delegieren, kein Vertrauen, die linke Hand weiß nicht, was die rechte tut –, die auf der Liste der Schwächen weit oben erscheinen.

7. Chancen

Bei diesem Schritt werden beispielsweise sozioökonomische, politische, demografische und Umweltfaktoren daraufhin untersucht, welcher Nutzen dem Unternehmen daraus erwächst. Mögliche Beispiele sind

- die Verfügbarkeit neuer Technologien,
- neue Märkte,
- eine neue Regierung,

- neue Schulungs- oder Qualitätskontrollprogramme,
- veränderte Zinssätze,
- zunehmendes Altern der Bevölkerung,
- Stärken und Schwächen der Wettbewerber.

Überlegen Sie, wie lange Ihnen diese Chancen offen stehen werden und wie das Unternehmen am besten davon profitieren kann.

8. Risiken

Hier handelt es sich um das Gegenteil der Chancen – alle obenstehenden Faktoren können bei einer Verschiebung des Akzents oder der Wahrnehmung eine negative Wirkung haben. Außerdem gibt es weitere Gefahren – beispielhaft seien genannt:

- die Höhe der Arbeitslosenzahlen,
- die Umweltgesetzgebung,
- die politische Unsicherheit oder wirtschaftliche Instabilität ausländischer Fertigungsstandorte und fremder Märkte,
- schwankende Wechselkurse.

Es ist wichtig, das *Worst-Case-Szenario* zu kennen. Die Abwägung der Risiken gegen die Chancen ist nicht unbedingt eine Übung in Pessimismus; es geht vielmehr um Überlegungen, wie möglicher Schaden begrenzt oder vermieden werden kann.

Ein Faktor wie die Informationstechnologie kann sich sowohl als Risiko als auch als Chance herausstellen. Die meisten externen Faktoren sind in Wirklichkeit Herausforderungen, und ob die Mitarbeiter eines Unternehmens sie als Chancen oder als Bedrohungen empfinden, ist häufig ein wertvoller Indikator der Moral.

9. Auswertung

Wenn Sie die Listen zusammengetragen haben, können Sie Fakten und Ideen in Bezug auf die Ziele sortieren und gruppieren. Es kann erforderlich sein, dass die SWOT-Teilnehmer aus jeder Liste die fünf wichtigsten Einträge auswählen, um eine größere Perspektive zu gewinnen. Der Schlüssel zu diesem Prozess sind klare Ziele, denn nur so ist eine Bewertung und Auslese möglich, um schließlich die Spreu vom Weizen zu trennen. Obwohl einige Aspekte möglicherweise weiterer Informationen und Nachforschungen bedürfen, sollte sich in dieser Phase bereits ein klares Bild ergeben.

10. Schlussfolgerungen

Stellen Sie sicher, dass die Ergebnisse der SWOT-Analyse für die weitere Planung verwendet werden. Überprüfen Sie in angemessenen Zeitabständen, inwieweit Ihre Ergebnisse immer noch Gültigkeit haben.

Empfehlungen und Warnungen

- Suchen Sie sich die richtigen Teilnehmer für die SWOT-Analyse.
- Wählen Sie einen geeigneten SWOT-Diskussionsleiter.
- Gehen Sie analytisch und konkret vor.
- Protokollieren Sie alle Gedanken und Ideen aus den Schritten 5 bis 8.
- Studieren Sie externe Einflüsse und Trends in einem breiten Kontext.
- Konzentrieren Sie sich im Abschlussbericht auf das Wesentliche.
- Versuchen Sie nicht, Schwächen zu verdecken.
- Listen Sie nicht nur Fehler und Irrtümer auf.
- Lassen Sie nicht zu, dass SWOT zu einer reinen Anklageveranstaltung wird.
- Sorgen Sie für einen konstruktiven Umgang mit den Ergebnissen.
- Berücksichtigen Sie die Ergebnisse in späteren Stadien des Planungsprozesses.

Literaturhinweise

- Bitran, Gabriel R./Maureen Lojo: »A Framework for Analysing Service Operations«, in: *European Management Journal* 11:3 (September 1993), S. 271–282.
- Dealtry, T. Richard: *Dynamic SWOT Analysis*, Birmingham 1994.
- Hill, Terry/Ray Westbrook: »SWOT Analysis«, in: *Long Range Planning* 3:1 (Februar 1997), S. 46–52.
- »It Pays to Analyse Your Strengths and Weaknesses«, in: *Small Business Confidential*, No. 57 (Mai 1988), S. 7 f.

Teambildung

Zusammenfassung

Diese Checkliste untersucht die wesentlichen Aspekte der Planung, Aufstellung und Betreuung eines effektiven Teams für bestimmte Projekte oder Aufgaben.

Definition

Teams sind nicht dasselbe wie andere Gruppen: Sie müssen geplant, aufgestellt und betreut werden. Leute, die gemeinsam an einem Ort arbeiten, sind nicht unbedingt ein Team – ein Team hat ein erkennbares Merkmal: es ist eine Gruppe, die zusammenarbeitet, um einen gemeinsamen Zweck zu erfüllen, und es kann aus Mitarbeitern verschiedener Funktionen, Abteilungen oder Disziplinen bestehen. Zunehmend werden Teams für spezielle Projekte gebildet, die sie eigenständig managen und entwickeln, und für deren Erfolge sie selbst verantwortlich sind.

Vorteile

Erfolgreiche Teamarbeit kann

- die Tätigkeiten der mit einzelnen Aufgaben beschäftigten Mitarbeiter koordinieren;
- Fähigkeiten und Kenntnisse der einzelnen Mitarbeiter, die sonst möglicherweise ungenutzt bleiben, optimal zum Einsatz bringen;
- Motivation und Zuversicht von Mitarbeitern stärken, die sich gegenseitig unterstützen;
- dazu beitragen, Kommunikationsbarrieren abzubauen und Rivalität und Konkurrenzdenken zu vermeiden;
- den Grad der individuellen und kollektiven Eigenverantwortlichkeit erhöhen;
- Ansätze wie Total-Quality-Management, Just-in-Time-Management, Kundenbetreuungsprogramme und Investors-in-People (ein Qualitätsstandard für die Personalentwicklung) unterstützen;
- Einsatz und Engagement für die anstehenden Aufgaben fördern.

Nachteile

Es gibt spezielle Umstände, unter denen Teams möglicherweise ungeeignet sind – beispielsweise passen sie nicht in eine Unternehmenskultur mit starren Berichtsstrukturen oder festen Arbeitsabläufen. Ein Team ist nicht unbedingt die richtige Antwort, wenn

- es einen Mitarbeiter gibt, der über alle Kenntnisse, Fähigkeiten und Ressourcen verfügt, die benötigt werden, um die Arbeit in Eigenregie zu erledigen;
- es kein tragfähiges gemeinsames Ziel gibt und die Bezeichnung »Team« irreführend wäre.

Aktionsplan

1. Bedarfsermittlung

Es ist gerade angesagt, über Teambildung zu reden; das heißt aber noch lange nicht, dass für jede Aufgabe wirklich ein Team erforderlich ist. Es kann durchaus sein, dass ein einzelner, fähiger Mitarbeiter mit der richtigen Unterstützung die Aufgabe besser lösen kann als irgendein Team. Überlegen Sie, ob Sie ein breites Spektrum von Fähigkeiten und Erfahrungen, eine Aufteilung der Arbeitslast, Brainstorming und gemeinsame Problemlösungsansätze benötigen. Wenn ja, dann sind Sie mit einem Team optimal beraten.

2. Teamzusammensetzung

Machen Sie sich eine klare Vorstellung von dem erwarteten Projektresultat. Bestimmen Sie die erforderlichen technischen und kooperativen Fähigkeiten und versammeln Sie Mitarbeiter, die diese Fähigkeiten mitbringen. Es ist in jedem Fall sinnvoll, Mitarbeiter mit unterschiedlichen Fähigkeiten und Stärken zusammenzubringen. Dabei kommt es auf Teamfähigkeit ebenso an wie auf persönliche Eigenschaften und fachliche Kompetenz.

3. Teambildungsstrategie

Schaffen Sie von vornherein ein betriebliches Umfeld, in dem das Team sich entwickeln und wachsen kann. Dabei gilt es mehrere Bereiche zu berücksichtigen:

- Ein Klima des Vertrauens, in dem Fehler und Misserfolge als Lerner-

fahrungen und nicht als schuldhaftes Fehlverhalten gewertet werden.
- Freier Informationszugriff für alle, die ihre Arbeit mit den Unternehmenszielen in Einklang bringen müssen.
- Schulung in kommunikativen und zwischenmenschlichen Fähigkeiten, Verhandlungstechniken und eigenverantwortlicher Aufgabenbewältigung.
- Zeit, nicht nur für reguläre Besprechungen, sondern auch, um Tätigkeiten zu koordinieren, Gedanken zu entwickeln und den Fortschritt zu beobachten.
- Ziele, die von allen Teammitgliedern klar verstanden werden. Hier geht die Entwicklung dahin, die Teammitglieder an der Festlegung der Ziele zu beteiligen, anstatt sie ihnen von oben zu diktieren.
- Ein Feedback, das sich auf positive Aspekte konzentriert beziehungsweise Wege vorschlägt, wie mit den negativen umgegangen werden kann. Die Teammitglieder müssen wissen, wie gut sie ihre Aufgabe erfüllen, und ob es Dinge gibt, die sie verbessern können.

4. Startschuss

In diesem frühen Stadium ist es wichtig, dass Sie nicht versuchen, eventuelle Probleme sofort zu lösen. Vorrang hat vielmehr, dass Sie aus der Gruppe ein Team machen. Diskutieren und vereinbaren Sie die Ergebnisse, die das Team erzielen soll. Legen Sie die gemeinsame Richtung fest und achten Sie darauf, dass jeder Beteiligte seinen persönlichen Beitrag zur Teamarbeit, seinen Platz im Projektzeitplan und seine Bedeutung für den Erfolg des gesamten Teams kennt.

5. Verhaltensregeln

Im Rahmen der Teamarbeit ist es erforderlich, dass die Beteiligten
- offen und ehrlich miteinander umgehen; es sollte ihnen möglich sein, ohne Angst, Groll oder Ärger auszusprechen, was sie denken und fühlen;
- sich gegenseitig zuhören, auch wenn es um Einzelmeinungen oder extreme Sichtweisen geht;
- sich einigen, welche Entscheidungsfindungs-, Berichts- und andere Prozesse während der Teamarbeit verwendet werden sollen.

6. Individuelle Stärken

Arbeiten Sie individuelle Stärken heraus, damit das gesamte Team von den verfügbaren Fähigkeiten und Kenntnissen profitieren kann. Ziehen Sie in der Anfangsphase gegebenenfalls jemanden mit Teambildungserfahrung zu Rate, insbesondere, wenn die Aufgabe des Teams sehr wichtig ist.

7. Die Rolle des Teamleiters

Der Teamleiter ist zugleich Teammitglied. Betonen Sie, dass jeder im Team eine wichtige Rolle hat, und dass Ihre Rolle zufällig die des Teamleiters ist. Nehmen Sie eine Vorbildfunktion ein, und pflegen Sie mit allen Teammitgliedern eine effektive Kommunikation – indem Sie vor allem zeigen, dass Sie zuhören können.

Es kann für die Flexibilität der Arbeitsbeziehungen hilfreich sein, wenn die Rollen der Mitglieder fließend bleiben, ohne dass der Einzelne seine individuellen Stärken und Ziele aus den Augen verliert. Ein effektiver Teamleiter kann beschließen, die Projektleitung vorübergehend an ein anderes Teammitglied zu übergeben, wenn bestimmte Fähigkeiten erforderlich sind.

8. Überprüfung der Ziele

Überprüfen Sie die Teamziele regelmäßig, und stellen Sie sicher, dass die Mitglieder sowohl individuell, wie auch als Team weiterhin eine klare Richtungsvorstellung haben.

9. Teambesprechungen

Belanglose Besprechungen sind nervtötend, aber wenn Zusammenkünfte zu selten stattfinden, besteht die Gefahr, dass das Projekt – und das Team – vom Kurs abkommt. Treffen Sie sich regelmäßig, aber nutzen Sie die Zusammenkünfte gezielt, um

- zu fragen: »Wie kommen wir voran?«;
- den Fortgang des Projekts zu begutachten;
- sich über die Arbeitsweise des Teams Gedanken zu machen.

Wenn sich aus diesen Fragestellungen Lücken oder Probleme ergeben, sollten Sie entsprechende Schritte und Korrekturmaßnahmen planen und implementieren.

10. Auflösung des Teams

Wenn das Team seine Aufgabe erfüllt hat, sollten Sie dies formell feststellen. Führen Sie eine abschließende Bewertung durch, um zu sehen, ob das Team seine Ziele erreicht hat, und um seine Leistung zu bilanzieren. Die Beteiligten sollten aus dieser Übung für das nächste Mal lernen und profitieren. Wenn alle Ziele erreicht sind, kann das Team aufgelöst werden.

Empfehlungen und Warnungen

- Stellen Sie fest, ob Sie wirklich ein Team benötigen.
- Investieren Sie Zeit und Mühe, um die Entwicklung und die Tätigkeit des Teams zu managen und zu unterstützen.
- Legen Sie als Team gemeinsam die Ziele und Erfolgskriterien für die Aufgabe, das Projekt oder den Prozess fest.
- Klären Sie regelmäßig, wer bis zu welchem Termin welchen Beitrag leisten soll.
- Bedenken Sie, dass Sie ein Mannschaftsspiel nicht im Alleingang gewinnen können.
- Kommunizieren Sie offen mit allen Teammitgliedern.
- Managen Sie die Teambesprechungen so, dass jeder zu Wort kommt und sich an der Entscheidungsfindung und Planung beteiligt fühlt.
- Lösen Sie das Team auf, sobald sein Zweck erfüllt ist.
- Erwarten Sie nicht, dass ein neues Team sofort auf Hochtouren läuft. Ein Team ist eine eigenständige Einheit, ähnlich einem neuen Mitarbeiter, der Einführung und Entwicklung benötigt.
- Seien Sie nicht dominant, auch nicht unabsichtlich oder unbewusst.
- Halten Sie die Zügel nicht so straff, dass Sie jegliche Kreativität ersticken.
- Lassen Sie nicht zu, dass einzelne Teammitglieder die Erfolge des Teams für sich reklamieren.
- Machen Sie aus dem Team keinen elitären Klub, der sich allzu sehr vom Rest des Unternehmens abgrenzt.

Denkanregungen

- In welchen guten (oder schlechten) Teams haben Sie bislang mitgewirkt? Was machte sie so gut (oder schlecht)?
- Passt Ihr natürlicher Managementstil zum Teamkonzept, oder müs-

sen Sie sich anpassen – zum Beispiel loslassen und Mitarbeitern mehr Vertrauen entgegenbringen?
- Verstehen Sie es, Teams optimal zu nutzen?
- Wissen Sie genau, was Sie sich von Ihrem Team erwarten?
- Haben Sie sich Gedanken gemacht, wie Sie eventuelle Konflikte lösen können?

Literaturhinweise

- Colenso, Michael/Institute of Management Foundation: *High Performing Teams*, Oxford 1997.
- Haeske, Udo: *Team- und Konfliktmanagement*, Berlin 2002.
- Krüger, Wolfgang: *Teams führen*, Freiburg 2002.

TQM: Implementierung

Zusammenfassung

Diese Checkliste richtet sich an diejenigen, die eine *TQM*-Strategie für Ihr Unternehmen entworfen haben und sie jetzt implementieren möchten.

Definition

Total-Quality-Management ist ein Managementansatz, der die Verantwortung für die dem Kunden gebotene Qualität auf alle Mitglieder des Unternehmens verteilt. Aus der Sicht von TQM stellt jede Unternehmenstätigkeit im Prinzip einen Prozess dar, der in einer Lieferanten-Kunden-Beziehung zum nächsten Prozess steht. In jedem Stadium sollen die Wünsche der Kunden definiert und erfüllt werden, um auf diese

Weise den Endverbraucher mit minimalen Kosten maximal zufrieden zu stellen.

Aktionsplan

1. Pilotprojekte

Auch wenn Sie eine TQM-Strategie gleich für das ganze Unternehmen entwerfen sollten, werden Sie sie in der Regel phasenweise implementieren. Wählen Sie für die Pilotprojekte maßgebliche Bereiche oder Funktionen, in denen anzunehmen ist, dass TQM binnen höchstens eines Jahres spürbare Resultate liefern wird: Kurzfristiger Erfolg ist eine wichtige Voraussetzung, um auch Skeptiker zu überzeugen.

2. Beobachtung und Auswertung

Entwickeln Sie ein Rahmenkonzept und stellen Sie ein Managementteam zusammen, dessen Aufgabe es ist, die Resultate der Pilotprojekte zu bestimmen und auszuwerten. Welche Erfahrungen lassen sich daraus gewinnen und wie können diese verwendet werden, um TQM an anderen Stellen im Unternehmen einzuführen?

3. Instrumente und Methoden

Die Implementierung von TQM besteht aus vier wichtigen Phasen: Beobachtung, Prozessmanagement, Problemlösung und Korrekturmaßnahmen. Für jede dieser Phasen müssen Sie, passend zur Größe und Situation Ihres Unternehmens, Instrumente und Techniken entwickeln.

4. Beobachtungstechniken

Beobachtungstechniken sind wichtig für den Erfolg von TQM, damit Situationen und Ereignisse quantifiziert und der Fortschritt gemessen werden kann. Dabei sollte gewährleistet sein, dass das Messgeschehen kein Selbstzweck, sondern ein sinnvoller Prozess ist, der in konkreten Korrekturmaßnahmen mündet. Die wichtigsten Techniken sind Mess- und Fehlerprotokolle, Korrektursysteme, Arbeitsablaufdiagramme, Ablaufanweisungen und Prozesssteuerungsdiagramme.

5. Prozesssteuerungsinstrumente

Viele Systeme und Instrumente lassen sich für die Prozesssteuerung verwenden. Einige, wie beispielsweise Gantt-Diagramme, Flussdiagramme und Histogramme, werden im Unternehmen möglicherweise schon für andere Zwecke genutzt. Wählen Sie diejenigen aus, die sich für Ihre Unternehmenskultur eignen.

6. Problemlösungsmechanismen

Richten Sie quer durch das Unternehmen Gruppen ein, die sich aus unterschiedlichen Blickwinkeln mit der Qualitätsverbesserung beschäftigen:

- Verbesserungsgruppen werden in regelmäßigem Rhythmus von gewöhnlichen Arbeitsgruppen veranstaltet.
- Prozessgruppen analysieren den Ablauf wichtiger Prozesse.
- Innovationsgruppen setzen sich aus Mitgliedern verschiedener Abteilungen und Unternehmensebenen zusammen und suchen nach völlig neuen Arbeitsweisen.

Diese Gruppen können auf zahlreiche Techniken zurückgreifen, wie beispielsweise Brainstorming, Fischgrätdiagramme und Pareto-Analyse.

7. Korrekturmechanismen

Der Schwerpunkt von TQM muss auf der Ursachenforschung und der Lösung von Problemen liegen. Sehen Sie im Planungsstadium Feedback- und Korrekturmechanismen vor.

8. Vermittlung des Programms

Beschließen Sie, wann und wie Sie die Implementierung des Programms im Unternehmen ankündigen. Machen Sie sich darauf gefasst, dass die Mitarbeiter anfangs skeptisch reagieren, und überlegen Sie sich Strategien zur Überwindung dieser Zweifel. Nutzen Sie »Bekehrte« aus den Pilotprojekten, um für das Programm zu werben. Stellen Sie eventuelle Querverbindungen zwischen TQM und anderen Unternehmensinitiativen heraus.

9. Qualitätskultur

Der Erfolg eines TQM-Programms hängt ebenso von kulturellen Veränderungen wie von Prozessverbesserungen ab. Machen Sie sich bewusst, dass TQM vermutlich mit einem allgemeinen Informations- und Schulungsprogramm für Beschäftigte, Teamleiter und Manager kombiniert werden muss.

10. Schulungsprogramm

Implementieren Sie das in Ihrer Strategie vorgezeichnete Schulungsprogramm. Beginnen Sie mit ausgewählten Gruppen. Verwenden Sie diese so genannten *Change-Agents*, um die Neuerungen im Unternehmen bekannt zu machen.

11. Empowerment

Die Teamleiter spielen eine zentrale Rolle für den TQM-Erfolg. Sie müssen ihnen ausreichend Ressourcen, Zeit, Unterstützung und Schulung zukommen lassen, damit sie ihre Führungsrolle wahrnehmen können.

12. Motivation der Beschäftigten

Die Beschäftigten müssen Engagement für die Qualitätsverbesserung entwickeln und eigenständig Initiativen hervorbringen. Zu diesem Zweck müssen Sie eine offene Kultur schaffen und den Beschäftigten die Angst vor Fehlschlägen, Risiken und Repressalien nehmen. Rechnen Sie auch mit der möglichen Verunsicherung von Managern, die entdecken, dass ihre Tätigkeit größtenteils oder komplett überflüssig ist oder von Mitarbeitern auf untergeordneten Ebenen erledigt werden kann.

13. Verändertes Management

Die Beschäftigten werden nicht in der Lage sein, die erforderlichen Änderungen vorzunehmen, solange sich der Managementstil nicht ebenfalls gründlich ändert. TQM funktioniert nur mit einem neuen Ansatz, der auf Kooperation, Konsens und Beteiligung gründet. Was die Manager vor allem lernen müssen, ist zuzuhören, statt nur selbst zu sprechen, und Verantwortung zu delegieren, anstatt zu kommandieren.

14. Kurz- und langfristige Implementierungsziele

Planen Sie, wie Sie den Fortschritt beobachten können. Kombinieren Sie kurzfristige Ziele, um Fortschritte zu demonstrieren, mit anspruchsvolleren langfristigen Zielen, die das Unternehmen fordern. Verwenden sie eine Mischung aus wirtschaftlichen und kulturellen Indikatoren.

15. Impetus

Kulturelle Veränderungen werden lange brauchen, bis sie Resultate zeigen, aber ohne Resultate sind die Beschäftigten möglicherweise frustriert, weil sie nicht erkennen, welchen Sinn die Prozessverbesserungen haben. Überprüfen und protokollieren Sie den Fortschritt regelmäßig; registrieren und vermitteln Sie Erfolge.

Empfehlungen und Warnungen

- Stellen Sie die Beziehung zwischen TQM und anderen Initiativen im Unternehmen klar.
- Arbeiten Sie die unsichtbaren Veränderungsbarrieren heraus. Seien Sie ihrer von Anfang an gewahr und entwickeln Sie eine Strategie, um sie zu durchbrechen.
- Stellen Sie sicher, dass die Systeme die Leistung der Arbeitsprozesse und nicht die der darin tätigen Mitarbeiter messen.
- Achten Sie auf die »weiche« Seite von TQM. Die Veränderung der Kultur ist ebenso wichtig wie die Veränderung der Prozesse.
- Machen Sie deutlich, dass TQM kein Schnellrezept, sondern ein langfristiger Prozess kontinuierlicher Verbesserungen ist: Sie werden niemals den Zustand absoluter Qualität erreichen, denn die Ziele ändern sich ständig.
- Betrachten Sie TQM nicht als eine genau definierte Methode oder eine Folge klar vorgegebener Schritte, die lediglich der Reihe nach umgesetzt werden müssen.
- Versuchen Sie nicht, TQM mit anderen Initiativen zu kombinieren, wenn diese ebenfalls hohe Ansprüche an das Management stellen.
- Verlieren Sie, bei aller Konzentration auf die Mittel, nicht das Ziel aus den Augen.

Denkanregungen

- Müssen Sie Änderungen an der Unternehmensstruktur vornehmen, um deutlich zu machen, dass Qualität die Verantwortung jedes Einzelnen ist?

- In welchem Ausmaß fördern die gegenwärtigen Belohnungsmechanismen das Engagement der Beschäftigten in Qualitätsfragen?

Literaturhinweise

- Bell, Desmond/Philip McBride/George Wilson: *Managing Quality*, Oxford 1994.
- MacDonald, John: *Erfolgreiches Total-Quality-Management in 7 Tagen. Was es ist – wie's gemacht wird – was es bringt*, Landsberg/Lech 1998.
- Sadgrove, Kit: *Making TQM work*, London 1995.
- Spenley, Paul/Pera International: *Step Change Total Quality: Achieving World Class Business Performance*, London 1995.

TQM: Strategieplanung

Zusammenfassung

Diese Checkliste hilft denjenigen, die in ihrem Unternehmen zum ersten Mal *Total-Quality-Management* einführen wollen, bei der Skizzierung einer *TQM*-Strategie. Eine Qualitätsstrategie kombiniert die »harten« Qualitätsaspekte – Instrumente und Techniken – mit den »weichen« – den kulturellen Veränderungen, die für eine erfolgreiche *TQM*-Implementierung notwendig sind.
Wir haben es dabei nicht bloß mit einem weiteren Managementtrick zu tun: *TQM* verkörpert eine Lebensweise.
Diese Checkliste will Sie lediglich bei Ihren ersten Ideen unterstützen. Die Einführung von *TQM* stellt eine wesentliche Veränderung dar, die umfangreicher Vorbereitung und Planung bedarf. Um *TQM* zu implementieren, sind Sie vermutlich auf externe Hilfe angewiesen.

Definition

Total-Quality-Management ist ein Managementstil, der jedem Beschäftigten im Unternehmen ein Stück Verantwortung dafür überträgt, dass der Endkunde Qualität bekommt. Qualität ist dabei im Sinne von »erfüllt seinen Zweck« oder »erfreut den Kunden« zu verstehen. Aus der Sicht von TQM stellt jede Unternehmenstätigkeit im Prinzip einen Prozess dar, der in einer Lieferanten-Kunden-Beziehung zum nächsten Prozess steht. In jedem Stadium sollen die Wünsche der Kunden definiert und erfüllt werden, um auf diese Weise den Endverbraucher mit minimalen Kosten maximal zufrieden zu stellen.

Vorteile

- TQM bewirkt eine deutliche Verbesserung beim Endprodukt.
- TQM führt zu einer erheblichen Reduzierung von Ressourcenverschwendung.
- Mit der effektiveren Nutzung der Arbeitszeit der Beschäftigten steigt die Produktivität.
- Verbesserte Produkte und Dienstleistungen erhöhen langfristig den Marktanteil und garantieren einen nachhaltigen Wettbewerbsvorteil.
- Die Beschäftigten sind motivierter, wenn sie ihr volles Potenzial zur Geltung bringen können.

Nachteile

- TQM ist sowohl für die Manager als auch für die Beschäftigten extrem zeitaufwändig;
- TQM ist nur hilfreich, solange die Richtung des Unternehmens stimmt. Es ist kein Instrument, um ein gestrandetes Unternehmen wieder flott zu machen;
- TQM ist kein Schnellrezept; seine Implementierung dauert Jahre beziehungsweise endet nie;
- TQM kann dazu führen, dass den Endkunden zu viel und den Beschäftigten zu wenig Aufmerksamkeit geschenkt wird;
- TQM kann in Bürokratie und mechanistisches Denken ausarten – mit der Folge, dass sich der Fokus von der langfristigen Verbesserung auf kurzfristige Korrekturen und vom Ziel auf die Mittel verlagert;

- TQM verursacht mitunter Störungen im Betriebsablauf, die sich nur mit viel Sorgfalt beheben lassen.

Aktionsplan

1. Planungsteam

Sie benötigen ein Qualitätsteam, das Sie durch die Veränderungen geleitet. In kleineren Unternehmen wird es mit dem Führungsteam identisch sein; in größeren Unternehmen wird es Führungskräfte aus den wichtigsten Funktionen umfassen. Nehmen Sie auch bekannte Skeptiker oder Exzentriker in das Team auf und sorgen Sie dafür, dass auch Einzelstimmen vertreten sind.

2. Bestandsaufnahme

Betrachten Sie die Wettbewerbsposition des Unternehmens. Bestimmen Sie Ihre wichtigsten Kunden und finden Sie heraus, was sie von Ihnen erwarten – gehen Sie nicht davon aus, dass Sie bereits jetzt sämtliche Wünsche erfüllen. Die Ergründung der Kundenwünsche ist ein kontinuierlicher Prozess und keine einmalige Aktion. Finden Sie zudem heraus, wie andere Gruppen – Lieferanten, Wettbewerber und Beschäftigte – die Qualität Ihrer Produkte oder Dienstleistungen einschätzen.

3. Vision

Formulieren Sie ein Vision-Statement, das besagt, wie sich das Unternehmen die Bedienung seiner Kunden vorstellt. Definieren Sie die Prinzipien und Werte, die diese Vision untermauern. Verwenden Sie vergleichbare Unternehmen als Modell, aber achten Sie darauf, dass die Endformulierung Ihre eigene Kultur und Ihre spezielle Situation widerspiegelt.

4. Servicestandards

Übersetzen Sie die Vision in realistische Ergebnisse. Ergründen Sie, was sich Kunden, Lieferanten und Beschäftigte in punkto Produkt- und Dienstleistungsqualität vom Unternehmen erwarten, und definieren Sie entsprechende Servicestandards.

5. Gründe für die Nichteinhaltung

Häufig besteht eine deutliche Diskrepanz zwischen Kundenerwartung und Realität. Suchen Sie im gesamten Unternehmen nach den Ursachen dafür. Die wichtigsten Gründe sind für gewöhnlich externe Zwänge, säumige Lieferanten und interne Ineffizienzen. Es kann passieren, dass die Kunden zu geringe Erwartungen stellen – Sie sollten deshalb ihre Bedürfnisse und nicht nur ihre geäußerten Wünsche als Grundlage nehmen.

6. Qualitätsaudit

Quantifizieren Sie die Qualitätsmängel, indem Sie von den Abteilungsleitern eine Bestandsaufnahme des gegenwärtigen Verschwendungsgrades erstellen lassen. Alle Beschäftigten sollten an diesem Audit teilnehmen. Sammeln Sie so viele Daten wie möglich, summieren Sie die Ergebnisse und präsentieren Sie diese dem obersten Managementteam.

7. Kosten der Verschwendung

Ermitteln Sie, wie viel gegenwärtig für die Berichtigung interner Fehler (beispielsweise die Nachbearbeitung mangelhafter Produkte) und externer Fehler (beispielsweise die Bearbeitung von Kundenbeschwerden) ausgegeben wird. Berücksichtigen Sie auch die Beurteilungskosten und die Zeit, die für Inspektionen und Kontrollen aufgewendet wird.

8. Zertifizierung

Entscheiden Sie, ob Ihre Initiative ein Qualitätssicherungssystem umfassen soll. Dies würde eine Zertifizierung durch eine unabhängige Instanz (DIN ISO 9000) bedeuten. Diese Maßnahme ist gegenüber Kunden und Lieferanten nicht nur »einfach so« von Vorteil, sie wird von ihnen möglicherweise sogar verlangt.

9. Qualitätsstrategie

Entwerfen Sie auf der Basis der Resultate des Qualitätsaudits Ihre Qualitätsstrategie. Diese umfasst:

- die Ziele der Strategie, inklusive einer revidierten Vision;
- die für eine Veränderung der Prozesse erforderlichen Systeme und Instrumente;
- die kulturellen Veränderungen, die nötig sind, um ein geeignetes Qualitätsumfeld zu schaffen;

- Einzelheiten zu den verfügbaren Ressourcen;
- den Zeitrahmen.

Sichern Sie sich die Zustimmung der Unternehmensspitze zum Strategieplan.

10. Managementstruktur

Erfolg oder Misserfolg der TQM-Initiative wird entscheidend von der Unternehmenskultur abhängen. Machen Sie Pläne für die Intensivierung der Teamarbeit: Starke, effektive Teams sind von zentraler Bedeutung.

11. Schulungsprogramm

Manche Beschäftigte bedürfen einer eingehenderen Schulung als andere, aber alle sollten eine ausführliche Einweisung in das Wesen von TQM erhalten. Analysieren Sie den Schulungsbedarf im Zusammenhang mit TQM und überschlagen Sie, wie viel Schulung zusätzlich notwendig sein wird. Die Kosten stehen den erwarteten Produktivitätsgewinnen entgegen. Treffen Sie Vorkehrungen für

- eine allgemeine Einführung aller Beschäftigten in die TQM-Prinzipien,
- eine Schulung von Managern und Teamleitern in den für die TQM-Implementierung benötigten »weichen« Fähigkeiten,
- arbeitsplatzspezifische Schulungen in TQM-relevanten Techniken,
- zusätzliche Schulung in Sachen Kundenbeziehungen.

Ein externer Trainer wird fast in jedem Fall erforderlich sein – insbesondere in der Anfangsphase.

12. Prioritäten

Setzen Sie für die Einführung von TQM Prioritäten. Wählen Sie wichtige Prozesse für eine frühzeitige Analyse und Verbesserung aus. Beginnen Sie mit höchstens drei Prozessen, von denen mindestens einer eine schnelle Leistungsrendite verspricht.

13. Erfolgskriterien

Sie benötigen sowohl kurz- als auch langfristige Ziele. Bestimmen Sie wirtschaftliche und kulturelle Erfolgskriterien.

Empfehlungen und Warnungen

- Sichern Sie sich von Anfang an die Unterstützung der Unternehmensspitze.
- Sorgen Sie dafür, dass diese Unterstützung wiederholt kundgetan wird.
- Beteiligen Sie alle Mitarbeiter an der Bestimmung der gegenwärtigen Qualitätsprobleme.
- Betrachten Sie TQM nicht als Schnellrezept.
- Kombinieren Sie TQM nicht mit anderen größeren Initiativen.
- Vermeiden Sie den Eindruck, dass Sie TQM als Vehikel zur Unternehmensverkleinerung verwenden wollen.

Denkanregungen

- Ist das Unternehmensklima wirklich geeignet für die Einführung von TQM? Verfügen insbesondere die Manager über die Integrität und Offenheit, ohne die TQM nicht funktionieren kann?
- Trifft Ihre Strategie die richtige Balance zwischen den Bedürfnissen Ihrer Kunden und Ihrer Beschäftigten?

Literaturhinweise

- Bell, Desmond/Philip McBride/George Wilson: *Managing Quality*, Oxford 1994.
- MacDonald, John: *Erfolgreiches Total-Quality-Management in 7 Tagen. Was es ist – wie's gemacht wird – was es bringt*, Landsberg/Lech 1998.
- Reynolds, Larry: *Beyond Total-Quality-Management*, London 1994.

Umweltmanagement

Zusammenfassung

Diese Checkliste bietet Hilfestellungen für die Entwicklung eines Aktionsplans zur Einhaltung umweltpolitischer Gesetze und Vorschriften.
Die Umwelt hat heute einen wichtigen Stellenwert in der industriellen und kommerziellen Entscheidungsfindung. Es ist zunehmend die Aufgabe der Führungskräfte und Vorstände, ihrer umweltpolitischen Verantwortung nachzukommen, indem sie Umweltstandards einführen und Umweltinitiativen starten.
Diese Checkliste richtet sich deshalb vorrangig an Führungskräfte, deren Verantwortungsbereich Umweltfragen umfasst.

Definition

Ein Umweltaktionsplan vereinigt die wesentlichen Elemente des Umweltmanagements, wie zum Beispiel:

- das Unternehmensstatement zur Umweltpolitik,
- das Umweltaudit,
- Umweltmanagementsysteme und -standards wie das EC-ECO-Management-Audit-Scheme (EMAS) oder ISO 14001,
- die Festlegung von Zielen und die daran orientierte Performancekontrolle,
- die Identifizierung und Zuordnung von zentralen Verantwortlichkeiten für die Praxis.

Vorteile

Ein Umweltaktionsplan

- demonstriert gegenüber Kunden, Anteilseignern und Gesetzgebern, dass das Unternehmen Maßnahmen zur Reduzierung von Umweltschädigungen hohe Priorität einräumt;
- enthält eine klare Absichtsbekundung und einen Implementierungsplan;

- hilft, Abfall und Kosten zu verringern;
- ermöglicht eine eingehendere Untersuchung von Prozessen und Ausgangsmaterialien, um auf diese Weise Kosten zu sparen und die Produktivität zu verbessern;
- hilft, mittels besserer Informationen über die Ursachen von Umweltauswirkungen verbesserte Kommunikations- und Managementsysteme zu entwickeln;
- legt das Fundament für ein effektives Management von Umweltrisiken.

Nachteile

- Mitarbeiter sehen keine Notwendigkeit, gewohnte Praktiken zu ändern.
- Die beteiligten Interessengruppen sehen nur die Kosten, nicht aber den Nutzen von Investitionen.
- Der Nutzen stellt sich möglicherweise erst langfristig ein, während die Kosten kurzfristig entstehen.

Aktionsplan

1. Unterstützung durch die Unternehmensspitze

Stellen Sie sicher, dass die Unternehmensspitze und die beteiligten Interessengruppen die Auswirkungen einer positiven – oder negativen – Umweltpraxis wirklich genau verstehen.

2. Verantwortliche Führungskraft

Siedeln Sie die Zuständigkeit für Umweltfragen hoch an.

3. Gesetze und Vorschriften

Machen Sie Ihre Hausaufgaben, was Gesetze und Praxisverordnungen betrifft – Verstöße führen in der Regel dazu, dass der »Verschmutzer« zahlen muss.

4. Umweltzertifikate

Erwägen Sie eine Zertifizierung nach ISO 14001 oder der EMAS-Verordnung. Sie bietet einen anerkannten Rahmen für ein Energiemanagement und bringt möglicherweise einen Wettbewerbsvorsprung in jenen Bereichen, in denen Konformität gewünscht ist.

5. Bestandsaufnahme

Überprüfen Sie die Umweltauswirkungen Ihres Unternehmensbetriebs. Dadurch können Sie Bereiche identifizieren, in denen Handlungsbedarf besteht.

6. Umwelt und Geschäft

Konzentrieren Sie sich auf Bereiche, in denen sich Umweltverbesserungen unmittelbar mit finanziellen oder qualitativen Zielen verbinden lassen, wie beispielsweise die Herstellung neuer oder verbesserter Produktreihen unter Verwendung von recyceltem Abfall, oder die Rechtfertigung von erhöhten Preisen mit der verbesserten Umweltverträglichkeit der Produkte.

7. Umweltpolitik

Formulieren Sie ein klares Statement, das Ziele, verbesserte Programme, Audits, Zulieferer- und Kundenbeziehungen, eingehaltene Standards und gesellschaftliche Verpflichtungen umfasst.

8. Kontrollen und Protokolle

Messen Sie nicht nur Outputs (Schäden oder Auswirkungen auf die Umwelt) und Inputs (durch Ausgangsmaterialien erzeugte Schäden), sondern auch Prozessindikatoren (durch veraltete oder verschlissene Anlagen verursachte Schäden). Führen Sie ausführlich Protokoll – ISO 14001 oder die gesetzlichen Vorschriften verlangen unter Umständen Konformitätsnachweise.

- Input-Indikatoren betreffen die Fabrikeffizienz, Qualität und Wiederverwertbarkeit von Materialien und die Schulungseffektivität in den Betriebsverfahren.
- Prozessindikatoren sollten auf prozentuale Verbesserungen bei der Abfallreduzierung in Herstellung, Verarbeitung und Verpackung abzielen.
- Output-Indikatoren betreffen die Auswirkungen oder den Schaden für die Gesellschaft und sollten die Reduzierung von Abfall- und Giftstoffausstößen messen. Die Output-Indikatoren stehen im direkten Bezug zum Image des Unternehmens: Sie werden außerhalb des Unternehmens am ehesten wahrgenommen.

9. Verfahrenshandbuch

Entwickeln Sie ein Verfahrenshandbuch zur laufenden Kontrolle mit Arbeitsvorschriften, Leistungskriterien, Indikatoren, Kontroll- und Verifikationsverfahren.

10. Schulungsprogramm

Bauen Sie den Umweltschutz in den Betriebsalltag ein. Das Unternehmen wird von einer Integration von Umweltzielen und finanziellen, individuellen und betrieblichen Zielen profitieren.

11. Beteiligung

Fördern Sie das Engagement der Beschäftigten, indem Sie sie unmittelbar beteiligen, anstatt sie nur mit Vorschriften zu überschütten. Geben Sie Ihre kurz- und langfristigen Ziele bekannt.

12. Audits

Führen Sie regelmäßig Umweltaudits durch, um den gegenwärtigen Stand zu ermitteln, Korrekturen vorzunehmen und Erfolge zu publizieren.

13. Kommunikation

Machen Sie Ihre Erfolge intern und in der Öffentlichkeit bekannt. Verdeutlichen Sie dabei, soweit möglich, dass der Nutzen Ihrer Umweltanstrengungen finanzielle Einsparungen mit sich bringt. Der unmittelbare gesellschaftliche Nutzen kann auch das Image des Unternehmens verbessern.

Empfehlungen und Warnungen

- Beachten Sie die Norm ISO 14001.
- Konzentrieren Sie sich auf alle Stadien des Produktlebenszyklus und nicht nur auf die Endphase.
- Berücksichtigen Sie das Umweltverhalten Ihrer Lieferanten, Kunden und Wettbewerber.
- Versuchen Sie, die Umweltbotschaft im gesamten Unternehmen publik zu machen – dadurch erhöht sich die Bereitschaft zur Mitarbeit.
- Sorgen Sie dafür, dass die Beschäftigten ausreichend Informationen und Schulung erhalten.

- Vermitteln Sie Ihre Vorhaben der Öffentlichkeit.
- Bedenken Sie, dass sich die Umweltproblematik nicht nur auf Fertigungssparten bezieht.
- Warten Sie nicht, bis Gesetze oder schlechte Presse Sie zum Handeln zwingen.
- Implementieren Sie komplizierte Systeme nur nach Rücksprache mit den Beschäftigten und berücksichtigen Sie auch deren Feedback.
- Tun Sie Kontrolle und Protokollierung nicht als Bürokratie ab. Es gilt die Regel: Nur was gemessen wird, wird auch erledigt.

Denkanregungen

- »Während der letzten 200 Jahre haben Unternehmen viel Geld mit der Verschmutzung der Welt verdient. Ich hege keinen Zweifel, dass die große Aufräumaktion in den nächsten drei Generationen so manchen reich machen wird« (Sir Crispin Tickell).
- Jedes Jahr werden rund 23 Milliarden Tonnen Kohlendioxid in die Erdatmosphäre geblasen.
- Der tropische Regenwald – die Lunge der Welt – nimmt jedes Jahr um 170 000 Quadratkilometer ab.

Literaturhinweise

- Hormozi, Amir M.: »ISO 14000: The Next Focus in Standardization«, in: *SAM Advanced Management Journal* 62:3 (Sommer 1997), S. 32–41.
- Tibor, Tom/Ira Feldman: *ISO 14000. A Guide to the New Environmental Management Standards*, New York 1995.
- Welford, Richard (Hg.): *Corporate Environmental Management. Systems and Strategies*, 2. Aufl., London 1998.
- Winter, Georg: *Das umweltbewusste Unternehmen. Die Zukunft beginnt heute*, 6. Aufl., München 1998.

Unternehmensberatung

Zusammenfassung

Diese Checkliste richtet sich an alle potenziellen Kunden einer Unternehmensberatung. Sie enthält einige der Fragen, die Sie sich stellen sollten, bevor Sie sich an einen Berater wenden und einen Vertrag abschließen. Zweifelsohne stellt die Inanspruchnahme eines Unternehmensberaters häufig eine wertvolle Investition dar, vorausgesetzt dass Sie

- genug Zeit für den gesamte Prozess einplanen;
- die Problemfelder bereits klar definiert haben;
- wissen, was Sie von dem Berater erwarten, und dass Sie die für den speziellen Fall erforderlichen Schritte identifiziert haben;
- die Wahl des richtigen Beraters mit Bedacht treffen;
- den realen Fortschritt an Ihren Zielvorstellungen messen.

Definition

Die Unternehmensberatung ist eine Beratertätigkeit, die von speziell geschulten und qualifizierten Kräften angeboten wird, welche dem Kundenunternehmen in objektiver und unabhängiger Weise helfen, Managementprobleme zu erkennen und zu analysieren, um anschließend Lösungsvorschläge zu machen und bei Bedarf bei der Implementierung einer Lösung Beistand zu leisten.

(nach: Larry E. Greiner und Robert Metzger, *Consulting to management*, Englewood, NJ 1983)

Vorteile

- Expertise – Da die Berater in ihrem Spezialbereich gut bewandert sind, sind sie wirklich befugt, sachdienliche Ratschläge zu geben, die dem neuesten Stand entsprechen. Für Unternehmen ist es möglicherweise schwer, auf anderem Wege an dieses Fachwissen heranzukommen.
- Kurzzeitprojekte – Es ist für ein Unternehmen unter Umständen kosteneffektiver, Fähigkeiten gezielt dann einzukaufen, wenn sie benötigt werden.

- Zusätzliche Ressourcen – Ein Berater kann ein überlastetes Management unterstützen oder ein Projekt verfolgen, das andernfalls nicht zu bewältigen wäre.
- Unabhängige Sichtweise – Ein Außenstehender kann Dinge sehen, die von innen schwer zu erkennen sind, oder Dinge sagen, die Mitarbeiter nicht auszusprechen wagen. Die Beschäftigten sind möglicherweise eher bereit, einer bestimmten Marschrichtung zu folgen, wenn sie wissen, dass dafür unparteiischer Rat eingeholt wurde.

Nachteile

- Unternehmensberatung ist bisweilen teuer. Manche Industrie- und Handelskammern führen Umfragen über die Höhe der Honorare von Unternehmensberatern durch und veröffentlichen die Ergebnisse.
- Das Endergebnis ist bisweilen wenig zufriedenstellend. Die im Folgenden vorgestellten Schritte sollen Ihnen helfen, dies möglichst zu vermeiden.
- Die Arbeit wird, sobald der Auftrag unterschrieben ist, unter Umständen weniger erfahrenen Mitarbeitern übertragen, oder aber die Mannschaft wechselt während des Projekts.
- Möglicherweise gibt es in der Belegschaft Widerstände gegen die Inanspruchnahme einer Unternehmensberatung.

Aktionsplan

1. Absegnung durch die Unternehmensspitze

Stellen Sie gleich zu Anfang sicher, dass die Unternehmensführung die Heranziehung von Beratern unterstützt, und halten Sie diese stets auf dem Laufenden. Auf diese Weise wissen Sie, dass die Führungsriege Ihre Beraterwahl gutheißt.

2. Angebotsvielfalt

Es gibt unzählige Beratungsunternehmen mit unterschiedlichem Angebot. Einige bieten ein breites Spektrum an Dienstleistungen, während andere sich auf bestimmte Branchen, Tätigkeitsfelder oder Unternehmensgrößen beschränken.

3. Vorauswahl

Treffen Sie eine Vorauswahl. Persönliche Empfehlung ist ein probates Mittel, um geeignete Beratungsunternehmen ausfindig zu machen; Sie können jedoch auch Verzeichnisse und Register zu Rate ziehen. Beschaffen Sie sich Referenzen von früheren Klienten, um sich ein Bild vom Anbieter zu machen.

4. Vorstudien

Lassen Sie sich von den ausgewählten Beratungsunternehmen Vorstudien präsentieren. Das sollte in der Regel kostenlos sein, auch wenn eine Gebühr im Prinzip angebracht sein kann. Auf der Grundlage dieser Studien sollten Sie feststellen können, inwieweit ein Beratungsunternehmen Ihnen helfen kann, mit welchem Nutzen Sie rechnen können und wie lange die Aktion dauern wird. Ferner wird daraus ersichtlich, welchen Ansatz der Berater für Ihr Problem und Ihr Unternehmen zu wählen gedenkt. Bitten Sie um eine schriftliche Ausfertigung der Vorstudie.

5. Angebote

Die Angebote der Beraterunternehmen sollten Folgendes enthalten:

- eine zutreffende Beschreibung Ihrer Situation und Ihrer Wünsche,
- einen Arbeitsplan,
- einen Hinweis auf Managementstil und -methoden des Beraters,
- einen Zeitplan,
- Einzelheiten zu den mit dem Projekt betrauten Beratern des Unternehmens, inklusive Qualifikation und Erfahrung,
- die erforderlichen Ressourcen, wie beispielsweise Zeit, Daten und Ausrüstung,
- geschätzte Honorare und Kosten,
- eine Zusammenfassung der zu erwartenden Resultate.

6. Instruktion der Mitarbeiter

Alle betroffenen Mitarbeiter müssen ausführlich darüber informiert werden, warum ein Berater engagiert wurde, wann er eintreffen wird und welche Form von Kooperation erforderlich ist. Bestimmen Sie einen Hauptansprechpartner für den Berater.

7. Fortschrittsberichte

Bitten Sie den Berater um regelmäßige Fortschrittsberichte und vergleichen Sie diese mit den vereinbarten Zielen. Achten Sie darauf, dass Ihre Wünsche nicht hinter den Präferenzen des Beraters zurücktreten.

8. Abschlussbericht

Stellen Sie sicher, dass der Berater die Ergebnisse und Schlussfolgerungen aus dem Projekt in einem Abschlussbericht oder einer Präsentation zusammenfasst. Achten Sie darauf, dass es keine Missverständnisse oder Irrtümer gibt.

9. Überprüfung

Sorgen Sie dafür, dass das neue Konzepte und die vorgeschlagenen Methoden implementiert und richtig angewandt und dass sie nicht durch ältere Methoden und Konzepte untergraben werden. Besprechen Sie alle Implementierungsprobleme mit den betroffenen Mitarbeitern. Prüfen Sie regelmäßig die erreichten Resultate, und bestehen Sie darauf, dass nach Beendigung des Projekts in bestimmten Abständen Nachbereitungstreffen mit dem Berater stattfinden.

Empfehlungen und Warnungen

- Investieren Sie ausreichend Zeit in den gesamten Prozess.
- Machen Sie sich eine klare Vorstellung davon, was Sie erreichen wollen.
- Erstellen Sie eine Anforderungsliste, um auf dieser Basis aus der Vorauswahl eine endgültige Entscheidung zu treffen.
- Sorgen Sie für eine effektive Kommunikation zwischen dem Berater und Ihren Mitarbeitern.
- Ziehen Sie nur dann externe Kräfte heran, wenn dies sinnvoll erscheint.
- Akzeptieren Sie freundschaftliche Empfehlungen nur, wenn auch aussagefähige Referenzen vorliegen.
- Gehen Sie nicht davon aus, dass die Belegschaft eine externe Fachkraft anstandslos akzeptiert.
- Verlieren Sie Ihre wichtigsten Ziele nicht aus den Augen.
- Begeben Sie sich nicht allzu sehr in die Abhängigkeit eines Beraters.

Denkanregungen

- Können Sie das Problem, das es zu lösen gilt, klar formulieren?
- Sind Sie sicher, dass das erforderliche Expertenwissen nicht auch unternehmensintern verfügbar ist?
- Wie haben Sie bislang mit Beratern zusammengearbeitet? Mit welchem Ergebnis?

Literaturhinweise

- Fowler, Alan: »How to Select an External Consultant«, in: *Personnel Management Plus* 5:2 (Februar 1994), S. 26 f.
- Kitts, Geoff: »The Ten Best Ways of Using Management Consultants«, in: *Human Resources UK*, No. 15 (Herbst 1994), S. 19–26.
- Merten, Hans L.: *Wie Firmen spezialisierte Berater erfolgreich einsetzen*, Regensburg 2000.
- Wilson, Martin/The Institute of Management Foundation: *Getting the Most from Consultants. A Manager's Guide to Choosing and Using Consultants*, London 1996.

Unternehmensvision

Zusammenfassung

Diese Checkliste wendet sich an Führungskräfte, deren Aufgabe es ist, in ihrem Unternehmen das Bewusstsein für eine Mission zu entwickeln. Das kann beispielsweise bedeuten, einen kulturellen Veränderungsprozess anzustoßen oder ein so genanntes *Mission-Statement* zu formulieren.

Definition

Zu den Unterschieden und Gemeinsamkeiten von »Vision« und »Mission« finden sich in der Literatur die unterschiedlichsten Ansichten. Vermutlich spielt es jedoch keine Rolle, welchen der Begriffe Sie verwenden, ob Sie zwischen ihnen unterscheiden oder sie in einen Topf werfen. Wichtig ist der Prozess, der zu einer Vision oder Mission führt, deswegen richtet sich der Fokus dieser Checkliste darauf.

Unter Unternehmensmission oder -vision versteht man eine Beschreibung des zukünftigen Weges. Das *Mission-Statement*

- beschreibt den Zweck des Unternehmens;
- legt fest, wie das Unternehmen Erfolg definiert;
- beschreibt eine Strategie, wie dieser Erfolg erreicht werden soll;
- nennt die gemeinsamen Werte und Verhaltensweisen, die das Unternehmen von seinen Beschäftigten erwartet.

Die Unternehmensvision wird manchmal auch als Unternehmensphilosophie, Credo oder Wertesystem bezeichnet. Sie sollte eine Verbindung darstellen zwischen unserer Vorstellung von einer zukünftigen Richtung und der realistischen Einschätzung der momentanen Situation und aufzeigen, wie wir von hier nach dort gelangen können. Der Prozess der Entwicklung einer Unternehmensvision umfasst Techniken wie strategische Planung, Entwicklung einer Unternehmenskultur, interne Kommunikation und *Empowerment*. Ferner gehört die Formulierung eines Mission-Statements dazu, auf dessen Basis sich die konkreten Ziele für die einzelnen Geschäftseinheiten und Abteilungen ableiten lassen. (Strategische Planung und Zielsetzung werden in gesonderten Checklisten behandelt.)

Ein *Mission-Statement* erzeugt nicht per se ein Missionsbewusstsein. Die Beschäftigten müssen spüren, dass sie Teil des Prozesses sind, und sie werden nur dann auf ein *Mission-Statement* ansprechen, wenn sie es verstehen und sich damit identifizieren können. Die Entwicklung eines Missionsbewusstseins ist in der Regel erfolgreicher, wenn darunter ein langfristiger, evolutionäre Prozess verstanden wird. Ein Unternehmen kann jedoch auch vorsätzlich ein *Mission-Statement* entwickeln, um seine Aktivitäten stärker zu bündeln. Ein solcher Ansatz setzt allerdings voraus, dass die Mission in enger Abstimmung mit den Managern entwickelt wird.

Vorteile

Es existiert die weit verbreitete Einschätzung, dass ein Unternehmen mit Missionsbewusstsein gegenüber anderen Unternehmen im Vorteil ist.

Eine gut formulierte Mission

- beleuchtet klar den Weg, der vor dem Unternehmen liegt;
- instruiert und inspiriert die Beschäftigten;
- betont die Bereiche, auf denen der zukünftige Schwerpunkt des Unternehmens liegen wird;
- definiert Erfolg;
- dient als eine Vorlage, die auf allen Ebenen des Unternehmens in konkrete Ziele übersetzt werden kann.

Nachteile

Ein Mission-Statement bleibt wirkungslos, solange

- die Unternehmensspitze nicht geschlossen dahinter steht;
- Identität, Ziele und Strategien des Unternehmens unzulänglich definiert sind;
- die Kommunikation mit den Beschäftigten ineffektiv ist;
- Planung und konzentrierte Implementierung zu kurz kommen.

Aktionsplan

Die prozesshafte Etablierung einer Mission gehört zu den Aufgaben der Unternehmensspitze. Voraussetzung ist eine detaillierte Analyse von Strategie und Zukunft des Unternehmens. Eine SWOT-Analyse kann hilfreich sein, um die Stärken und Chancen des Unternehmens zu identifizieren. (SWOT-Analysen werden in einer gesonderten Checkliste behandelt.)

1. Projektteam

Richten Sie ein Projektteam ein. Dieses kann in kleineren Unternehmen das gesamte Managementteam, in größeren eine daraus gebildete Arbeitsgruppe umfassen. Ein externer *Facilitator* (Leiter) kann dabei helfen, einen Konsens zu erreichen.

2. Informationsbeschaffung

Das Projektteam sollte sich mit allen oberen Führungskräften zusam-

mensetzen und interne und externe Informationen zur gegenwärtigen Strategie und zum Image des Unternehmens beschaffen.
Sprechen Sie mit den Vertretern des Topmanagements und bestimmen Sie Bereiche der Übereinstimmung und der Divergenz, was Einstellungen, Meinungen und strategische Überlegungen betrifft.
Verschaffen Sie sich Einblick in das Unternehmen, indem Sie mit einer Anzahl einflussreicher Manager sprechen. Machen Sie sich ein externes Bild, indem Sie Pressearchive, Analystenberichte, Kunden und Zulieferer konsultieren.
Vergleichen Sie diese Sichtweisen. Verwenden Sie die gesammelten Informationen, um sich ein Gesamtbild vom Unternehmen zu machen.
Das Projektteam sollte diese Informationen zusammenstellen und einen detaillierten Bericht an das Managementteam vorbereiten.

3. Konsensbildung

Das Managementteam sollte jetzt gemeinsam eine klare Vision für das Unternehmen entwickeln; ein externer *Facilitator* kann bei der Konsensbildung eine wichtige Rolle spielen. Die Vision definiert eine Richtung – eine klare Äußerung, wohin das Management das Unternehmen führen will. Davon geht sicherlich, was die Intentionen des Unternehmens betrifft, eine eindeutige Botschaft an alle beteiligten Parteien aus.
Erkunden Sie mögliche Hindernisse auf dem anvisierten Weg und beschließen Sie geeignete Gegenmaßnahmen und Verantwortlichkeiten. Dies ist der Moment, in dem das Team beginnt, sich die Mission zu Eigen zu machen und die Verantwortung dafür zu übernehmen. Hindernisse sind beispielsweise auf der Ressourcenebene denkbar; wenn sie die Kernkompetenzen betreffen, könnte zu ihrer Überwindung eine geeignete Mitarbeiterentwicklung notwendig sein.

4. Formulierung eines Mission-Statements

Das Mission-Statement zu formulieren, ist Aufgabe des Managementteams, weil es auf dem bereits erreichten Konsens über die Zukunft des Unternehmens aufbauen sollte. Das Mission-Statement bildet die Richtschnur für die unternehmensweite Evolution eines Missionsbewusstseins.
Zu einem guten *Mission-Statement* gehören

- eine Beschreibung der Unternehmenstätigkeit,

- die Mission des Unternehmens,
- die Umrisse der Strategien, welche die Erfüllung der Mission ermöglichen sollen,
- ein Bekenntnis zu den Kernwerten des Unternehmens.

Mission-Statements verkünden häufig in allgemeinen Worten die Absicht des Unternehmens, besser als alle anderen zu sein; streichen Sie die Bedeutung von Mitarbeitern, Qualität und Service heraus und betonen Sie die Wichtigkeit von Innovation, Kommunikation und Wachstum. Ein *Mission-Statement* sollte klar, bündig, einprägsam, glaubwürdig und motivierend sein. Es sollte so formuliert werden, dass sich alle Beschäftigten damit identifizieren können.

5. Aktionspläne und Ziele

Aktionspläne sollten auf dem im Managementteam entwickelten Konsens aufbauen und diesen auf das ganze Unternehmen ausdehnen. Legen Sie die Ziele fest, indem Sie fragen, was zur Umsetzung der Mission zu tun ist. Formulieren Sie Pläne, wie die größten Hindernisse auf dem Weg zur Verwirklichung der Mission überwunden werden können – hier trifft sich der Missionsprozess mit dem strategischen Planungsprozess. Beschließen Sie, wie Sie die Mission vermitteln wollen.

6. Vermittlung

Workshops, interne Rundschreiben und Gruppenbesprechungen dienen gleichermaßen dazu, die Unternehmensmission zu verbreiten. Wichtig ist, dass sich die Beschäftigten im gesamten Unternehmen mit der Mission identifizieren: Es ist nun an den Mitarbeitern, ihr Leben einzuhauchen.

7. Beobachtung und Überprüfung

Die Entwicklung eines Missionsbewusstseins sollte als langfristiger Prozess betrachtet werden. Etablieren Sie deshalb Mechanismen, mit deren Hilfe die Haltung sämtlicher Parteien fortlaufend beobachtet werden kann. Sie können auf diese Weise erkennen, wie weit sich die Mission ausgebreitet hat, wie gut sie verinnerlicht wurde und in welchem Umfang die Unternehmenswerte bis in die Tiefen der Organisation durchgesickert sind. Nutzen Sie regelmäßige Gruppentreffen, um Ihre Unternehmensphilosophie zu verfeinern.

Empfehlungen und Warnungen

- Entwickeln Sie ein umfassendes Bild vom Unternehmen.
- Studieren Sie die bestehende Unternehmenskultur.
- Konzentrieren Sie sich auf die Kernaktivitäten des Unternehmens.
- Hören Sie allen Parteien zu.
- Stellen Sie zuerst Konsens im Managementteam her.
- Machen Sie sich auf einen langen Prozess gefasst.
- Betrachten Sie dies nicht als einmalige Aktion.

Denkanregungen

- Existiert eine klare Vorstellung von den Werten und der Richtung des Unternehmens?
- Werden die Beiträge der Beschäftigten in der Mission gebührend berücksichtigt?
- Kennen die Beschäftigten die Mission ihres Unternehmens?

Literaturhinweise

- Bart, Christopher: »Sex Lies and Mission Statements«, in: *Business Horizons* 40:6 (1997), S. 9–18.
- Campbell, Andrew/Kiran Tawadey: *Mission and Business Philosophy*, Oxford 1992.
- Campbell, Andrew et al.: *Vision, Mission, Strategie. Die Energien des Unternehmens aktivieren*, Frankfurt/New York 1992.
- Foster, Timothy R. V.: *101 Great Mission Statements. How the World's Leading Companies Run Their Businesses*, London 1993.
- Matejka, Ken et al.: »Mission Impossible? Designing a Great Mission Statement to Ignite Your Plans«, in: *Management Decision* 31:4 (1993), S. 34–37.
- Piercy, Nigel F./Neil A Morgan.: »Mission Analysis: An Operational Approach«, in: *Long Range Planning* 19:3 (1994), S. 1–19.
- Raynor, Michael E.: »That Vision Thing: Do We Need It?«, in: *Long Range Planning* 31:3 (1998), S. 368–376.

Veränderungsprogramm (Change Management): Entwurf

Zusammenfassung

Diese Checkliste bietet eine Einführung für jeden, der in einem Unternehmen einen Veränderungsprozess implementieren möchte. Es sollen die wesentlichen Bausteine vorgestellt werden, mit deren Hilfe Sie jede Art von Veränderungsprogramm planen können.

Während das Tempo der Veränderung von Unternehmen zu Unternehmen schwanken kann, ist der Wandel in der Außenwelt nicht zu bremsen. Diese Checkliste will Unternehmen helfen, Veränderungen als integralen Bestandteil der Managementagenda zu akzeptieren, ganz gleich, ob diese Veränderungen von externen Kräften, wie beispielsweise Wirtschafts- und Markttrends, oder von internen Kräften, wie denen vorangetrieben werden, die mit einem *TQM*-Programm (*Total-Quality-Management*) einhergehen.

Definition

Veränderungsmanagement bezeichnet die Bewältigung des Übergangs von A nach B und die Lösung der Probleme, die damit verbunden sind. Veränderungen sind das Ergebnis der Interaktion zwischen Gerätschaft (Technologie), Prozessen (Arbeitsverfahren), Organisationsstruktur und Beschäftigten. Eine Veränderung in einem dieser Elemente zieht unvermeidlich Veränderungen in den anderen nach sich, weil ein Unternehmen ein lebendiges und sich entwickelndes System ist.

Aktionsplan

1. Was bedeutet Veränderung?

Lesen Sie ein Buch über Veränderungsmanagement, wie zum Beispiel John Kotter, *Leading Change* (Boston 1996) oder Rosabeth Moss Kanter, *The Change Masters* (New York 1985). Diese Lektüre kostet Sie möglicherweise ein oder zwei Tage. Der Veränderungsprozess, den Sie zu managen versuchen, wird viel länger dauern und viel mehr kosten – besonders, wenn er misslingt.

Überlegen Sie in einem breiteren Kontext, welche Aspekte von der Veränderung betroffen sein werden. Geht es um Arbeitsplatzinhalte, Zuständigkeiten, neue – unbekannte – Aufgaben, neue Arbeitsmethoden, neue Fähigkeiten, neue Beziehungen, Sicherheitsrisiken, neue Schulungsinhalte, um die Auffrischung vorhandener Kenntnisse?

Sollte grundsätzlich überdacht werden, worin der Zweck des Unternehmens liegt oder liegen sollte?

2. Veränderungskultur

Erzeugen Sie Engagement, indem Sie

- Informationen so weit wie möglich zugänglich machen;
- zu reicher Beteiligung in Form von Vorschlägen, Eingaben und Widerspruch einladen;
- Veränderungen in überschaubare Teilprozesse zerlegen und Überraschungen vermeiden;
- Standards und Anforderungen klar formulieren;
- die schwierigen Punkte nicht verschweigen.

Entwickeln Sie eine der Veränderung förderliche Unternehmenskultur, indem Sie

- die vorherrschenden Wertesysteme berücksichtigen;
- eine von Vorurteilen freie Kultur des eigenverantwortlichen Arbeitens und der nach unten verlagerten Entscheidungen schaffen – aber zugleich die Grenzen der Entscheidungsbefugnis klarstellen;
- Abteilungsgrenzen niederreißen;
- anspruchsvolle Tätigkeiten definieren;
- Freiräume für risikofreudiges und innovatives Verhalten schaffen;
- die Interessen aller Beteiligten berücksichtigen.

Holen Sie das Beste aus Ihren Mitarbeitern heraus, indem Sie

- ihre Bedürfnisse berücksichtigen und Konflikte positiv lösen;
- eine Richtung vorgeben, ohne zu dirigieren;
- alle Beteiligten einbeziehen;
- Engagement und Zuversicht erzeugen;
- Beziehungen entwickeln;
- ein Verständnis für die Funktionsweise von Teams entwickeln;
- Ihre eigenen Schwächen und die Stärken anderer anerkennen.

3. Vorkämpfer der Veränderung

Veränderungsprogramme profitieren von einem »Anwalt«, der den Plan und seine Umsetzung unterstützt und vorantreibt. Die Glaubwürdigkeit dieses Anwalts ist ebenso wichtig wie seine hervorgehobene Stellung innerhalb der Unternehmenshierarchie und seine Erfahrungsbilanz. Der Anwalt muss zudem lebhaft, energisch, leidenschaftlich und engagiert sein: Wenn Sie nicht der Richtige sind, um einen Veränderungsprozess zu leiten, sollten Sie es sich eingestehen, bevor es zu spät ist!

4. Veränderungsteam

Wählen Sie ein Team mit einer Mischung aus technischen Fähigkeiten und persönlichen Arbeitsstilen. Die meisten Mitglieder sollten aus dem Unternehmen kommen. Sie müssen nicht unbedingt zu den höheren Unternehmensebenen gehören. Sie brauchen Leute, die Einsatz zeigen und etwas bewegen können, aber Sie sollten auch ein paar bekannte Veränderungsgegner ins Team holen. Alle Teammitglieder sollten im Unternehmen einen guten Leumund haben und Vertrauen und Glaubwürdigkeit genießen.

5. Veränderungsziel

Entwickeln Sie ein Bild vom Unternehmen nach Abschluss des Veränderungsprogramms. Berücksichtigen Sie dabei Struktur und Kultur des Unternehmens: Wird die hierarchische Kultur durch eine teambasierte abgelöst? Welche Implikationen wird dies haben?

Sie selbst wissen vielleicht, warum das Unternehmen eine Veränderung nötig hat, aber Sie müssen auch die anderen davon überzeugen: Jeder muss sich der Dringlichkeit dieser Agenda bewusst sein. Formulieren Sie eine klare und zwingende Begründung, unter Verwendung sowohl quantitativer als auch qualitativer Argumente. Verweisen Sie dabei auf die Unternehmensziele und eine Vision davon, wie das Unternehmen nach einer erfolgreichen Veränderung aussehen wird.

In der Praxis ist es eine komplexe und delikate Aufgabe, die Beschäftigten von der Notwendigkeit von Veränderungen zu überzeugen, besonders, wenn dieses Vorhaben aus heiterem Himmel zu kommen scheint. Es kann bisweilen hilfreich sein, eine externe Kraft heranzuziehen, die die Rolle eines Katalysators spielt. Aber ein solches Vorgehen verlangt Vorsicht und Feingefühl.

Da Veränderungen nach Möglichkeit in der Zuständigkeit derer liegen sollten, die sie auch implementieren müssen, empfiehlt es sich, eine Gruppe von Mitarbeitern mit der Identifizierung der Veränderungsfaktoren zu beauftragen – auf diese Weise erkennen diese die Notwendigkeit von Veränderungen selbst.

Die wichtigsten Faktoren bei der Veränderungsplanung lauten:

- Führung – Setzt die Unternehmensspitze ein Beispiel und fördert sie Lernbereitschaft und Entwicklung?
- Mitarbeiter – Haben die Mitarbeiter eine selbstverständliche Vorstellung von den nächsten Schritten? Oder wird die nächste Veränderung mit denselben Angstreflexen aufgenommen wie die bisherigen?
- Kontrolle – Ersticken Leistungsbewertung und Verfahrenskontrolle die Kreativität?
- Integration – Arbeiten die Mitarbeiter des Unternehmens in voneinander abgeschotteten Zellen oder mischen sie sich quer über die Bereiche und Zuständigkeiten?
- Prozesse – Welches sind die zentralen Aktivitäten des Unternehmens, die es stark machen?

6. Reichweite der Veränderung

Damit ein Veränderungsprogramm erfolgreich ist, muss es richtig dimensioniert sein. Definieren Sie seinen Gültigkeitsbereich und seine Grenzen unmissverständlich. Um wirklich effektiv zu sein, müssen Veränderungen in sechs Dimensionen stattfinden:

- Märkte und Kunden,
- Produkte und Dienstleistungen,
- Geschäftsprozesse,

- Mitarbeiter und Belohnungssysteme,
- Strukturen und Einrichtungen,
- Technologien.

7. Veränderungsplan

Planen Sie Veränderungen in derselben Weise, wie Sie jedes größere Projekt planen würden. Berücksichtigen Sie dabei folgende Punkte:

- Vision – Was ist die »große Idee« hinter der Veränderung? Was will das Unternehmen damit erreichen? Die Leitvision muss klar und zwingend sein.
- Umfang – Was muss alles verändert werden, damit das Unternehmen seine Vision verwirklichen kann?
- Zeitrahmen – Welche Veränderungen erfolgen wann und in welcher Reihenfolge? Radikale Veränderungen brauchen Zeit, insbesondere, wenn sich auch Einstellungen ändern müssen.
- Mitarbeiter – Wer ist von der Veränderung am meisten betroffen und in welcher Weise?
- Ressourcen – Wie viel wird die Veränderung kosten? Werden den Kosten Nutzen gegenüberstehen?
- Kommunikation – Sind neue Mechanismen und Strukturen erforderlich, um mit den Beschäftigten zu kommunizieren?
- Schulung – Hat eine ausreichende Schulung der Manager und Beschäftigten in den für die Veränderung maßgeblichen »harten« und »weichen« Disziplinen stattgefunden?
- Organisationsstruktur – Sind Veränderungen erforderlich, wie zum Beispiel eine flachere Hierarchie?

8. Kostenabschätzung

Veränderungen können teuer sein, besonders, wenn sie mit Betriebsschließungen oder Stellenstreichungen verbunden sind. Berücksichtigen Sie dies und richten Sie ein separates Budget ein. Unterschätzen Sie nicht die Kosten für »weiche« Faktoren wie Schulung und zusätzliche Kommunikationsmaßnahmen.

9. Engagement des Managements

Die Führungsetage des Unternehmens muss das Veränderungsprogramm voll und ganz unterstützen, wenn dieses erfolgreich sein soll.

Prüfen Sie gleich zu Beginn, ob die Unternehmensspitze hinter den Veränderungen steht, und sprechen Sie die Positionen der Zweifler offen an. Achten Sie darauf, dass auch die Führungskräfte nach ihren Vorschlägen zu den Veränderungsfaktoren befragt werden.

10. Treibende und bremsende Kräfte

In jedem Unternehmen existieren einander entgegengesetzte Kräfte, welche die Veränderung vorantreiben oder bremsen. Beide müssen identifiziert werden. Planen Sie, wie Sie die treibenden Kräfte verstärken oder durch neue ersetzen können, und wie Sie die bremsenden Kräfte durch Aufklärung und Schulung schwächen oder verringern können. Das ist in der Regel ein langwieriger Prozess, der jedoch durch offene Diskussion und vor allem durch positive Erfolge beschleunigt werden kann.

11. Einbeziehung der Linienmanager

Nutzen Sie Ihren Plan, um den Linienmanagern die zu erwartenden Auswirkungen des Programms auf Strukturen, Mitarbeiter, Prozesse und Produkte zu erläutern. Ermuntern Sie sie zu Kritik und Feedback und verwenden Sie diese Rückmeldungen, um den Plan zu verfeinern und einen Konsens zugunsten der Veränderung zu erreichen.

12. Kommunikation

Kommunikation ist der Schlüssel zur erfolgreichen Veränderung. Kommunizieren Sie während der Planung und Erstellung des Programms ständig mit allen Beteiligten – Beschäftigten, Kunden, Zulieferern und Eigentümern. Reden Sie mit den Beschäftigten ehrlich über das wahrscheinliche Ausmaß der Veränderungen. Lassen Sie keine Gerüchte aufkommen: Seien Sie offen.

13. Change-Agents

Obwohl Veränderungen von oben initiiert und von einem Veränderungsteam geleitet werden, müssen sie von *Change-Agents* quer durch das Unternehmen vorangetrieben werden. Dazu bedarf es Mitarbeiter aus dem Unternehmen statt externer Berater. Wählen Sie Leute aus, die engagiert und enthusiastisch sind und sich Gehör verschaffen können. Sorgen Sie dafür, dass sie gut geschult werden, damit sie das Veränderungsprogramm im ganzen Unternehmen verbreiten und propagieren können.

Empfehlungen und Warnungen

- Denken Sie groß: Viele Veränderungsprogramme liefern nicht die erwarteten Resultate, weil ihre Ambitionen zu eng oder nicht radikal genug sind.
- Profitieren Sie von der Vielfalt: Ergründen Sie die Meinung von Neulingen und »Außenseitern« im Unternehmen. Finden Sie heraus, was Kunden und Zulieferer denken.
- Beweisen Sie Geduld und Beharrlichkeit: Veränderungen brauchen Zeit.
- Unterschätzen Sie nicht die Kosten der Veränderung: Planen Sie Budgets für interne Kommunikation und Schulung ein.
- Beginnen Sie kein größeres Veränderungsprogramm, solange Sie sich der uneingeschränkten Unterstützung der Unternehmensspitze nicht sicher sind.
- Bringen Sie Veränderungsgegner nicht einfach zum Schweigen: Hören Sie ihnen vielmehr zu und versuchen Sie sie zu überzeugen.

Denkanregungen

- Steht die Erforschung der Kundenwünsche im Zentrum Ihrer Veränderungsstrategie?
- Verfügen Sie über geeignete Messinstrumente, um Effizienz und Effektivität Ihrer Veränderungsbemühungen zu bewerten?
- Schätzen Sie die Moral der Belegschaft realistisch ein?

Literaturhinweise

- Blair, George/Sandy Meadows: *A Real-Life Guide to Organizational Change*, Aldershot 1996.
- Hussey, David E.: *How to Be Better at Managing Change*, London 1998.
- Kanter, Rosabeth Moss: *The Change Masters*, New York 1985.
- Kotter, John: *Leading Change*, Boston 1996.
- Smith, Steve (Hg.): *Create That Change. Readymade Tools for Change Management*, London 1997.

- Straub, Walter G./Lorenz S. Forchhammer/Ludovica Brachinger-Franke: *Bereit zur Veränderung? UnWege der Projektarbeit*, Hamburg 2001.
- Withauer, Klaus F.: *Fitness der Unternehmung. Management von Dynamik und Veränderung*, Wiesbaden 2000.

Veränderungsprogramm (Change Management): Implementierung

Zusammenfassung

Diese Checkliste richtet sich an Manager, die ein Veränderungsprogramm für ihr Unternehmen entworfen haben und dieses nun implementieren wollen. Sie unterstützt sie bei der Einführung der Veränderung, liefert jedoch keinen detaillierten Implementierungsfahrplan. Dieser fällt notwendigerweise je nach Art des Unternehmens und der Veränderung unterschiedlich aus.

Definition

Diese Checkliste handelt von jeder Art von Veränderungsprogrammen in Unternehmen. Die Veränderungen können durch äußere Kräfte verursacht sein (veränderte Märkte, Kundenwünsche, Gesetze oder Vorschriften) oder einer internen Motivation entspringen, wie beispielsweise der Entscheidung, ein *Total-Quality-Management* einzuführen. Veränderung resultiert aus dem Zusammenspiel von Ausrüstung (Technologie), Prozessen (Arbeitsabläufen), Organisationsstruktur und Mitarbeitern. Veränderungen in einem dieser Elemente ziehen notgedrun-

gen Veränderungen in den übrigen nach sich, weil das Unternehmen ein lebendiges und sich entwickelndes System ist.
Aufgabe des Veränderungsmanagements ist es, den Übergang von A nach B zu bewerkstelligen und alle dabei entstehenden Probleme zu lösen.

Aktionsplan

1. Implementierungsstrategie

Die Details der Strategie müssen klar sein, bevor Sie mit der Veränderung beginnen. Soll die Implementierung von oben nach unten, von unten nach oben oder simultan erfolgen? Soll die Veränderung nach Geschäftsbereichen oder Abteilungen gestaffelt oder wie ein großer Paukenschlag stattfinden?

2. Zeitrahmen

Unabhängig davon, ob die Veränderung sukzessive oder in allen Abteilungen simultan eingeführt werden soll, muss das Veränderungsprogramm einen Startzeitpunkt und eine festgelegte Dauer haben. Der Fahrplan muss knapp genug bemessen sein, um eine Atmosphäre der Dringlichkeit zu erzeugen, aber er muss realistisch genug sein, um zu motivieren.

3. Implementierungsplan

Kombinieren Sie Strategie und Zeitrahmen und erstellen Sie, gemeinsam mit den Chefs der einzelnen Geschäftsbereiche und Abteilungen, einen detaillierten Implementierungsplan. Berücksichtigen Sie die Ratschläge des Veränderungsteams, aber überlassen Sie den Linienmanagern die Entscheidung, wie sie die Einzelheiten der Veränderung unter Berücksichtigung der übergreifenden Geschäftsziele implementieren wollen.
Das Veränderungsprogramm ist aller Wahrscheinlichkeit nach nicht die einzige laufende Unternehmensinitiative. Stellen Sie sicher, dass die Strategien und Ziele der übrigen Initiativen in dieselbe Richtung weisen. Gehen von allen Programmen übereinstimmende Botschaften hinsichtlich der Kernwerte und -überzeugungen des Unternehmens an die Beschäftigten aus?

4. Stakeholder

Bilden Sie ein Team aus Vertretern aller beteiligten Parteien. Das schließt zwar die Unternehmensleitung nicht mit ein, deren Unterstützung ist jedoch von größtem Nutzen. Das Team sollte wichtige Vertreter sowohl der Anbieter als auch der Nutznießer der Dienstleistung umfassen. Diese Gruppe ist für die Definition und die Verbreitung der Vorteile der Veränderung zuständig.

5. Projektmanagement

Behandeln Sie Veränderung wie jedes andere Projekt. Legen Sie Ziele und Wegmarken fest, und beobachten Sie den Fortschritt, um sicherzustellen, dass das Projekt im zeitlichen und finanziellen Rahmen bleibt. Spüren Sie potenzielle Probleme so früh wie möglich auf und bereiten Sie Lösungspläne vor. Stellen Sie grundsätzliche Verhaltensregeln für das Team auf, insbesondere was Informationsweitergabe, Entscheidungsfindung und Verantwortlichkeiten betrifft.

6. Persönlicher Bezug

Ihre Leute werden sich nur dann für einen Veränderungsprozess engagieren, wenn sie ihn mit ihrer eigenen Person, ihrer Tätigkeit und ihrem Team in Verbindung bringen können. Stellen Sie also sicher, dass die Linienmanager den Veränderungsprozess des Unternehmens für jeden einzelnen Mitarbeiter in eine reale Größe verwandeln. Machen Sie sich klar, was die Veränderung für jeden einzelnen Mitarbeiter im Hinblick auf Status (Tätigkeitsbezeichnung, Budgetverantwortung), Gewohnheiten (veränderte Arbeitszeiten, neue Kollegen), Überzeugungen (verstärkte Kundenausrichtung) und Verhaltensweisen (neue Arbeitsmethoden) bedeutet.

7. Mitarbeiterbeteiligung

Die einzelnen Mitarbeiter müssen merken, dass Sie sich am Veränderungsprozess aktiv beteiligen können. Veränderung kann sehr anstrengend sein, solange sie lediglich aufgezwungen wird. Führen Sie Mechanismen ein, die die Mitarbeiter zu Verantwortungsträgern machen. Lassen Sie Kritik und Feedback zu, aber achten Sie darauf, dass immer noch korrigierend eingegriffen werden kann.

8. Hindernisse

Schaffen Sie eine Atmosphäre der Zielorientierung und Dringlichkeit, um jene realen Probleme zu lösen, die einem Fortschritt bislang im Wege standen. Fragen Sie, was oder wer den Fortschritt verhindert, und wer in der Lage ist, diese Hindernisse aus dem Weg zu räumen.
Überlegen Sie sich, wie Sie die Mauer des Schweigens durchbrechen können, hinter der sich – bildlich gesprochen – das Unternehmen verbarrikadiert, und die den Status quo zementiert.

9. Motivation

Nachhaltige Veränderung setzt ein hohes Maß an Motivation voraus. Die Menschen müssen fühlen, dass Sie gebraucht werden, sie müssen entwickelt werden und Anerkennung erfahren, und sie brauchen Herausforderungen. Berücksichtigen Sie, dass jeweils unterschiedliche Belohnungen oder Anreize erforderlich sein können, um die verschiedenen Mitarbeiter für den Veränderungsprozess zu gewinnen.

10. Konflikte

Veränderung bringt in der Regel Konflikte unterschiedlichster Art mit sich. Versuchen Sie, Konflikte an die Oberfläche zu bringen, anstatt sie im Verborgenen schwelen zu lassen. Versuchen Sie, die Konflikte zu entschärfen, indem Sie sie zusammen mit den Betroffenen besprechen und analysieren. Konflikte lassen sich häufig positiv nutzen, wenn sie offen diskutiert und geklärt werden.

11. Verhandlungsbereitschaft

Wenn sich Konflikte nicht durch Erklärung und Diskussion lösen lassen, müssen Sie verhandeln und überzeugen. Dabei dürfen Sie sich nicht hinter festen Positionen verschanzen, und Sie müssen die anderen ebenfalls dazu bewegen, ihre Schützengräben zu verlassen. Sie sollten versuchen, zu einem klaren »Ja« zu kommen, ohne dass eine der beiden Seiten ihr Gesicht verliert.

12. Stressprävention

Nicht die Veränderung an sich, sondern die mit ihr einhergehende Unsicherheit macht den Mitarbeitern zu schaffen. Bieten Sie so viel Informationen wie möglich, und treten Sie Gerüchten entgegen, sobald diese entstehen.

Jedes Veränderungsprogramm ist mit Stress verbunden. Hauptgrund dafür ist die Furcht vor dem Unbekannten. Reduzieren Sie diesen Effekt, indem Sie so offen wie möglich über alle Konsequenzen der Veränderung sprechen. Sorgen Sie dafür, dass sich die Beschäftigten den Veränderungsprozess zu Eigen machen.

13. Fähigkeiten

Begreifen Sie das Veränderungsprogramm als Lernprozess und integrieren Sie es in die Schulungsprogramme des Unternehmens. Entwickeln Sie technische und »weiche« Fähigkeiten auf allen Unternehmensebenen. Geben Sie ein Beispiel, indem Sie die Fähigkeiten der Unternehmensleitung auf den neuesten Stand bringen.

14. Lernprozess

Wenn Ziele und Pläne geschaffen werden, die jeder unterschreiben kann, dann ist es auch möglich, dass jeder gewinnt. Gestalten Sie den Lernprozess so, dass sich jeder dafür begeistern kann und eine Atmosphäre des Entdeckens und der Beteiligung an neuen Entwicklungen entsteht. Lassen Sie nicht zu, dass aus dem Lernen eine lästige Pflicht wird.

15. Veränderung als diskontinuierlicher Prozess

Veränderung ist ein langer Prozess, der sich aus sehr kleinen und häufig nicht sichtbaren Änderungen in Verhalten und Einstellung zusammensetzt. Suchen Sie nach unkonventionellen Möglichkeiten, wie Sie Ihre Mitarbeiter immer wieder an das übergreifende Veränderungsanliegen erinnern und sie von dessen Wert überzeugen können.
Akzeptieren Sie, dass Veränderung ein Prozess mit Unterbrechungen und Pausen ist. Bauen Sie vor und entwickeln Sie Strategien, wie Sie das Unternehmen nach Rückschlägen wieder zu neuen Anstrengungen anspornen können.

16. Beobachtung und Bewertung

Beobachten und bewerten Sie die Ergebnisse des Veränderungsprogramms auf der Basis der Ziele und Wegmarken, wie sie im ursprünglichen Plan festgelegt wurden. Sind diese Ziele immer noch realistisch oder müssen sie im Licht der Erfahrung revidiert werden?

Bestehende Leistungskriterien senden unter Umständen die falschen Signale aus und wirken einer Veränderung entgegen. Entwickeln Sie Messverfahren, die mit der Vision und den Zielen des Unternehmens im Einklang stehen.
Seien Sie ehrlich bei der Erfolgsbewertung. Wenn sich Planziel und Realität nicht mehr decken, müssen Sie umgehend Korrekturen vornehmen. Gestehen Sie Irrtümer offen ein und entwickeln Sie zusammen mit Ihren Mitarbeitern neue Ziele und neue Leistungskriterien.

Empfehlungen und Warnungen

- Unterschätzen Sie nicht den Widerstand der Beschäftigten gegen Veränderungen. Kalkulieren Sie diesen Widerstand mitsamt den zusätzlichen Kosten für Schulung und Kommunikation von vornherein mit ein.
- Setzen Sie Veränderungsprioritäten und versuchen Sie nicht, alles gleichzeitig umzusetzen.
- Planen Sie so, dass frühe konkrete Ergebnisse möglich sind. Machen Sie Erfolge publik, um zusätzlichen Schwung zu erzeugen und Unterstützung zu mobilisieren.
- Beteiligen Sie die Beschäftigten in allen Phasen der Konzipierung und Umsetzung von Veränderungen.
- Stellen Sie sicher, dass die Unternehmensführung die vereinbarten Implementierungsschritte voll und ganz unterstützt.
- Verlieren Sie sich nicht in Details: Wirkliche Veränderungen finden häufig in Form eines einfachen Durchbruchs statt.
- Knausern Sie nicht mit Ressourcen für Schulung und Kommunikation.

Denkanregungen

- Welche Indikatoren werden Ihnen zeigen, dass die Veränderungen wirklich umgesetzt wurden?
- Wie sollte die Unternehmensführung den Beschäftigten das Ausmaß ihrer Unterstützung für die Veränderungen signalisieren?
- Welche Botschaften würden zeigen, dass die Beschäftigten die Veränderungen zu ihrer Sache gemacht haben?

Literaturhinweise

- Doppler, Klaus/Christoph Lauterburg: *Change Management. Den Unternehmenswandel gestalten*, Frankfurt/New York 2002.
- Hussey, David E.: *How to Be Better at Managing Change*, London 1998.
- Kostka, Claudia/Annette Mönch: *Change Management. 7 Methoden für die Gestaltung von Veränderungsprozessen*, München 2002.
- Kotter, John P.: *Abschied vom Erbsenzähler. Leadership. A Force for Change*, 2. Aufl., Düsseldorf/Wien 1991.
- Kotter, John: *Chaos, Wandel, Führung. Leading Change*, Düsseldorf 1997.

Verhandlungsführung

Zusammenfassung

Diese Checkliste stellt Techniken zur erfolgreichen Führung von Geschäftsverhandlungen vor.

Definition

Verhandlungen finden überall dort statt, wo zwei oder mehr Menschen oder Gruppen Resultate anstreben, welche voneinander abhängen. Erfolgreich ist ein Verhandlungsgeschehen dann, wenn eine für alle Seiten vorteilhafte Übereinkunft erzielt wird, auch wenn im Verhandlungsverlauf Abstriche an den ursprünglichen Zielen gemacht werden müssen.

Beim Stichwort »Verhandlung« denken Sie möglicherweise zuerst an die Beziehungen zwischen Arbeitgebern und Arbeitnehmern oder an Kauf und Verkauf. Verhandlungen finden jedoch in vielen weiteren geschäftlichen Alltagssituationen statt: Sie müssen verhandeln, wenn

Sie Ihre Ideen oder Vorgehensweisen durchsetzen wollen, oder wenn Sie sich für einen Veränderungsprozess stark machen.

Aktionsplan

1. Zielbestimmung

Bevor Sie sich in eine noch so triviale Verhandlungssituation begeben, sollten Sie genau wissen, worüber verhandelt wird und wie das für Sie beste Ergebnis aussehen würde.

- Welche Fragen liegen auf dem Tisch, und welche Bedeutung messen Sie ihnen bei?
- Können Sie Ihre Ziele ohne Verhandlung erreichen? Gibt es effektivere Wege, um dasselbe Resultat zu erzielen?
- Welche Aspekte sind verhandelbar – was ist Ihr zentrales Ziel, worauf können Sie verzichten, und wie weit können Sie gehen? Wodurch ist ein für Sie akzeptables Resultat definiert?
- Welche Aspekte sind nicht verhandelbar? Dabei kann es sich um Rahmenbedingungen hinsichtlich Zeit, Geld, Unternehmenspolitik, Ressourcen oder gesetzlicher Vorschriften handeln; sie bilden gewissermaßen das Fenster, innerhalb dessen Sie verhandeln können.
- Jedes ausgehandelte Ergebnis muss besser sein als das, was Sie ohne Verhandlungen erreichen können. Es empfiehlt sich, eine solche Alternative auszuarbeiten. Wenn die Verhandlungen scheitern und Sie auf ein Ergebnis angewiesen sind, haben Sie möglicherweise keine andere Wahl, als diesen Reserveplan umzusetzen.

2. Verhandlungspartner

Sie haben einen oder mehrere Verhandlungspartner aus Ihrem oder aus anderen Unternehmen. Versuchen Sie so genau wie möglich in Erfahrung zu bringen, was sich die anderen Seiten von dieser Verhandlung erhoffen, bemühen Sie sich, verborgene Ziel aufzudecken und den Verhandlungsansatz der anderen vorherzusagen. Berücksichtigen Sie dabei »harte« Informationen (Fakten und Zahlen) und »weiche« Informationen (strategische Aspekte, Persönlichkeit und so weiter) gleichermaßen.

Bringen Sie Details in Erfahrung über

- die beteiligten Personen – Arbeitsstil, Einfluss, Rolle in der internen

Unternehmenspolitik, persönliches Interesse am Ausgang der Verhandlung und Grad des Engagements;
- weitere betroffene Unternehmen – finanzielle Situation, Marktposition, Geschichte, Zukunftspläne und Auswirkungen des voraussichtlichen Verhandlungsergebnisses auf die Unternehmenszukunft;
- alle übrigen, vom Verhandlungsergebnis möglicherweise betroffenen Parteien, Interessengruppen oder Instanzen.

3. Bestimmung der eigenen Position

Welchen Stand haben Sie in Ihrem Unternehmen? Wie einflussreich sind Sie? Haben Sie die Unterstützung des Managements und/oder der Führungsetage? Bevor Sie mit anderen Verhandlungsparteien verhandeln, müssen Sie möglicherweise erst mit Ihren eigenen Leuten Verhandlungen führen, um zu klären, ob Sie aus einer Position der Stärke oder Schwäche heraus starten.
Wenn Sie Ihre Position geklärt haben, können Sie
- die Vorteile eines bestimmten Ergebnisses für die anderen Seiten bestimmen und sich darauf vorbereiten, es ihnen schmackhaft zu machen. Das tun Sie, indem Sie den Nutzen stärker hervorheben als die Nachteile;
- entscheiden, wer bei den Verhandlungen anwesend sein und wer darüber auf dem Laufenden gehalten werden sollte. Wenn Sie zu mehreren verhandeln, sollten Sie sich abstimmen und auf eine gemeinsame Linie verständigen;
- sich für einen Verhandlungsstil entscheiden – ein kooperativer Ansatz ist in aller Regel besser als eine Konfrontation. Bei der Bestimmung der eigenen Position sollten Sie berücksichtigen, dass die anderen Seiten ebenso viele Interessen zu verteidigen haben wie Sie. Machen Sie sich klar, um welche Interessen es sich handelt, und worin für die anderen Seiten die Alternative zum Verhandeln besteht. Vermutlich gibt es keine eindeutige Antwort, und die beste Lösung ist diejenige, die allen Seiten Vorteile bringt.

4. Verhandlungsablauf

Wie sollte der Austauschprozess Ihrer Vorstellung nach vonstatten gehen? Die einzelnen Stadien des Verhandlungsgeschehens sollten logisch aufeinander folgen. Für den Fall, dass nicht alles nach Plan verläuft, können sich Planvarianten als nützlich erweisen.

Wenn die Verhandlungen von Angesicht zu Angesicht stattfinden und lang und kompliziert zu werden versprechen, sollten Sie sich vorher schriftliche Notizen machen und in die Verhandlung mitnehmen. Sprechen Sie den Förmlichkeitsgrad der Verhandlungen mit den anderen Seiten ab. Manchmal empfiehlt es sich, dass jede Seite eine kurze Präsentation hält, bevor der eigentliche Verhandlungsprozess beginnt. Wenn die Verhandlungen kompliziert sind, könnte es ratsam sein, den anderen Seiten vor Verhandlungsbeginn eine detaillierte Darstellung Ihrer Sichtweise – mit allen für das Verständnis relevanten Fakten und Statistiken – zukommen zu lassen. Diese Darstellung sollte mit aller Sorgfalt erstellt werden.

5. Vorbereitung des Treffpunkts

Falls ein persönliches Treffen vorgesehen ist, sollten Sie

- einen geeigneten Termin vereinbaren. Die Zeit sollte nicht zu knapp bemessen sein. Möglicherweise sind weitere Treffen erforderlich;
- einen geeigneten Ort festlegen;
- die benötigte Raumausstattung und Technik vorbereiten, wie beispielsweise Projektoren, Sitzgelegenheiten und Bewirtung.

6. Beginn der Verhandlung

Nennen Sie nach der Vorstellung der Teilnehmer noch einmal den Zweck des Treffens und weisen Sie auf die Tagesordnung hin, die bereits zuvor allen Parteien in schriftlicher Form zugeleitet wurde.

7. Verhandlungsdurchführung

Dieser Teil des Verhandlungsprozesses erfordert ein komplexes Wechselspiel zwischen Emotion und Logik. Wie Sie sich während des Austauschs verhalten, hat entscheidenden Einfluss auf das Verhandlungsergebnis.

Vertretung der eigenen Interessen

- Tragen Sie Ihre Argumente klar und logisch vor. Konzentrieren Sie sich auf Ihre Ziele und denken Sie vorrangig an die für Sie wichtigsten Aspekte. Vermeiden Sie Fachjargon und Spezialausdrücke, die den übrigen Teilnehmern möglicherweise nicht vertraut sind. Wenn andere Teilnehmer Ihnen unbekannte Fachausdrücke verwenden, zögern Sie nicht, nach ihrer Bedeutung zu fragen.

- Stellen Sie Fragen, wenn Sie Erklärungen benötigen oder Verständnisschwierigkeiten haben. Greifen Sie auch auf Fragen zurück, um den Verhandlungsprozess voranzutreiben. Erfolgreiche Verhandlungsführer stellen im Durchschnitt mehr als doppelt so viele Fragen wie weniger erfolgreiche Verhandlungsführer.
- Achten Sie fortwährend auf eventuelle inhaltliche oder logische Unstimmigkeiten in den Argumenten Ihrer Verhandlungspartner.
- Berücksichtigen Sie Ihr »Verhandlungsfenster« und machen Sie keine Kompromisse, was Ihre Minimalvorstellungen angeht. Wenn Sie immer nur nachgeben, provozieren Sie Ihre Verhandlungspartner lediglich zu weiteren Forderungen; damit wollen diese testen, zu welchen Konzessionen Sie noch bereit sind.
- Machen Sie nur im Ausgleich zu angemessenen Gegenleistungen Zugeständnisse. Verschenken Sie nichts.

Persönliche Verhaltensweise

- Vermeiden Sie Stress und versuchen Sie, ruhig und besonnen zu bleiben.
- Formulieren Sie selbstsicher und bestimmt.
- Vermeiden Sie nach Möglichkeit störende oder verletzende Verhaltensweisen (von harmlosen Dingen wie dem ständigen Klicken Ihres Kugelschreibers bis zu gravierenden Dingen wie persönlichen Beleidigungen). Erfahrungswerte zeigen, dass der durchschnittliche Verhandlungsführer alle sechs Minuten etwas tut, was seine Gegenüber irritiert!

8. Abschluss einer Vereinbarung

Dies ist häufig der am meisten gefürchtete Teil des Verhandlungsgeschehens, denn hier geht es um Erfolg oder Misserfolg. Der erfolgreiche Verhandlungsabschluss ist nicht zuletzt eine Sache der Intuition, dennoch können Sie den Prozess bewusst verbessern, indem Sie

- anhand unterschiedlicher Bedingungen nach einem Ausgangspunkt für eine Vereinbarung suchen und mittels hypothetischer Vorschläge die andere Seite ausloten. So könnten Sie beispielsweise sagen: »Angenommen, wir würden einen Großauftrag für die nächsten Jahre garantieren, wäre es Ihnen dann möglich, den Stückpreis zu senken?«;

- verschiedene Posten miteinander verknüpfen, um die Verhandlung flexibler zu gestalten, dabei jedoch darauf achten, dass das resultierende Paket praktikabel bleibt;
- zusätzliche Konzessionen in Reserve halten, um gegebenenfalls einen Abschluss zu erleichtern – ohne dass Sie Abstriche an Ihren Minimalerwartungen machen;
- von Zeit zu Zeit den jeweiligen Zwischenstand bilanzieren. Achten Sie auf die Korrektheit dieser Zusammenfassungen und bauen Sie sie häufiger ein, sobald ein Abschluss näher rückt. Die Klärung des Spielstands fördert den Verhandlungsprozess;
- Entscheidungen nicht unter extremem Druck oder der Eingebung des Augenblicks folgend treffen – bitten Sie, wenn nötig, um einen Aufschub der weiteren Verhandlungen, um Ihre Position zu überdenken;
- im Falle der Ergebnislosigkeit der Verhandlungen eine Unterbrechung oder einen Aufschub vorschlagen, eine Frist setzen, mit dem Abbruch drohen oder Vermittler einbeziehen.

9. Vereinbarungsprotokoll

Die getroffene Vereinbarung sollte in schriftlicher Form festgehalten und von beiden Seiten unterzeichnet werden. Selbst wenn Sie dem Gegenstand nicht allzu große Bedeutung beimessen, sollten Sie

- den Verhandlungsverlauf in einem Protokoll festhalten und dieses von allen anwesenden Parteien abzeichnen lassen;
- die Vereinbarung korrekt zusammenfassen, alle Bedingungen (Fristen, beteiligte Mitarbeiter und erforderliche Ressourcen) auflisten und die verwendeten Begriffe definieren;
- der Vereinbarung Umsetzungspläne mit klaren Zeitplänen beifügen, die von allen Seiten abgesegnet sind. Zudem sollte eine Übereinkunft getroffen werden, ob und zu welchen Bedingungen die Vereinbarung aufgekündigt werden kann;
- jeden, der von der Vereinbarung betroffen ist, in angemessener Zeit unterrichten. Je nach der Art und der Bedeutung des Themas können das Vorgesetzte, Beschäftigte, Kunden, Gewerkschaftsvertreter, Anteilseigner oder die Öffentlichkeit sein.

10. Umsetzung der Vereinbarung

Die Vereinbarung sollte zeitplangerecht umgesetzt werden. Unterneh-

men Sie rechtzeitig und gewissenhaft alle Schritte, die in Ihrer Zuständigkeit liegen, und stellen Sie sicher, dass alle anderen das ebenfalls tun.
Der Umsetzungsplan sollte Kontrollmechanismen enthalten, mit deren Hilfe der Fortschritt regelmäßig gemessen und Abweichungen von der Vereinbarung festgestellt werden können.

11. Rückschau

Wie sieht Ihre Erfolgsbilanz in folgenden Punkten aus:
- Vorbereitung,
- Verhandlungsgeschehen,
- Abschlussvereinbarung,
- eigenes Auftreten?

Was haben Sie richtig oder falsch gemacht? Was können Sie das nächste Mal besser machen?

Empfehlungen und Warnungen

- Machen Sie sich klar, dass Verhandlungen Bestandteil vieler Alltagssituationen sind.
- Akzeptieren Sie, dass im Idealfall nicht nur eine – Ihre – Seite siegt, sondern beide Seiten gewinnen, und dass deshalb beide Seiten flexibel und konzessionsbereit sein müssen.
- Bereiten Sie sich gründlich vor, auch wenn das Thema der Verhandlungen unkompliziert zu sein scheint.
- Ziehen Sie die Vereinbarung bis zu Ende durch – eine getroffene Vereinbarung ist nichts wert, solange sie nicht schriftlich festgehalten, erfolgreich umgesetzt wurde und die gewünschten Resultate gebracht hat.
- Verwechseln Sie nicht Verhandlung mit Bittstellertum – erlauben Sie anderen nicht, mit Ihnen zu handeln, solange Sie nicht darauf vorbereitet sind, für Ihre Interessen zu kämpfen.
- Verwechseln Sie nicht Verhandlung mit Nötigung – Verhandlung ist kein einseitiger Prozess, sondern der Weg zu einem für alle Seiten vorteilhaften Ergebnis.

Denkanregungen

- Überdenken Sie Situationen, die noch nicht so lange zurückliegen, und in denen Sie sich in Ihrer Position als Manager angegriffen oder auf die Probe gestellt sahen. Hätten Sie die Prinzipien der Verhandlungsführung auf diese Situationen anwenden können? Wäre das Resultat ein anderes gewesen?
- Von welchen guten Verhandlungsführern haben Sie gehört oder gelesen? Welchen besonderen Fähigkeiten verdanken sie ihren Erfolg?
- Welches sind Ihre persönlichen Stärken und Schwächen? Wie wirken sich diese auf Ihr Verhandlungsgeschick aus?

Literaturhinweise

- Fisher, Roger/William Ury/Bruce M. Patton: *Das Harvard-Konzept. Sachgerecht verhandeln – erfolgreich verhandeln*, Frankfurt/New York 1996.
- Fleming, Peter: *Erfolgreich verhandeln in 7 Tagen. Verhandlungspartner einschätzen, Angebote machen, Verhandlungen abschließen*, Landsberg/Lech 1997.
- Fowler, Alan: *Negotiation Skills and Strategies*, 2. Aufl., London 1996.
- Wikner, Ulrike: *Crashkurs Verhandeln. Die Toolbox für den erfolgreichen Geschäftsabschluss*, Frankfurt/New York 2000

Virtuelles Unternehmen

Zusammenfassung

Diese Checkliste wendet sich an Manager, die die allgemeinen Prinzipien hinter dem Konzept des virtuellen Unternehmens verstehen und sich mit seinen wichtigsten Faktoren vertraut machen möchten.
Das virtuelle Unternehmen setzt Änderungen an der traditionellen Struk-

tur und den Arbeitsmethoden des Unternehmens voraus. Viele dieser Änderungen sind bereits Standard; andere erscheinen immer noch futuristisch. Diese Checkliste propagiert keinen revolutionären Umbruch, sondern beschreibt Überlegungen, wie sich ein virtuelles Unternehmen auf evolutionärem Wege erzeugen lässt. Manchen Unternehmen wird es leichter fallen als anderen, sich in Richtung Virtualität zu entwickeln, aber unabhängig davon müssen sich alle Manager mit dem vertraut machen, was weithin als das Managementmodell der Zukunft beschrieben wird.

Definition

Die Vorstellungen davon, was unter einem virtuellen Unternehmen zu verstehen ist, sind nicht einheitlich. Die meisten Autoren sind sich jedoch einig, dass seine Definition das Konzept einer von allen traditionellen Orts- und Zeitbarrieren befreiten organisatorischen Flexibilität umfassen sollte. Im Wesentlichen basiert das virtuelle Unternehmen auf der Nutzung des Cyberspace, jenes elektronischen Datenaustauschmediums, das aus der Verbindung von Telekommunikation und Computersoftware hervorgegangen ist. Es umfasst die Vorstellung von einer verborgenen Realität hinter den Kulissen, in der Ergebnisse nicht auf traditionelle Weise erzielt werden. Das bedeutet, dass Unternehmen, Teams, Mitarbeiter, Service oder gar Produkte nicht wirklich existieren müssen, auch wenn es möglicherweise den Anschein hat; ein virtuelles Unternehmen ist zugleich real und irreal. Genau genommen ist »virtuelles Unternehmen« ein Oberbegriff für zahlreiche Initiativen, die von Unternehmen gestartet werden, um besser auf die Veränderungen auf den heutigen Märkten reagieren zu können.

Vorteile

Für ein virtuelles Unternehmen gilt:

- Entfernungen stellen kein Hindernis für die Durchführung von Arbeit, Besprechungen, Kooperation und Konferenzen dar.
- Die Produktivität steigt beträchtlich.
- Gemeinkosten vermindern sich.
- Arbeit kann über verschiedene Zeitzonen verteilt werden.

- Die Unternehmen können sich auf das konzentrieren, was sie am besten beherrschen.

Nachteile

Die Vorteile des virtuellen Unternehmens lassen sich nur dann realisieren, wenn das Management

- die Beschäftigten zu eigenverantwortlichem Arbeiten ermuntert und ihnen Vertrauen entgegenbringt;
- zwischen Arbeitnehmern und Arbeitgeber ein Klima gegenseitiger Verlässlichkeit schafft;
- alle Beschäftigten einbezieht, nicht nur die Wissensarbeiter;
- ältere, weit verbreitete Arbeitsmethoden in Frage stellt und neue ausprobiert.

Aktionsplan

Konzeption

1. Veränderte Märkte

Welche Strategien wendet Ihr Unternehmen an, um auf Veränderungen zu reagieren, wettbewerbsfähig zu bleiben und die Wünsche der Kunden zu erfüllen? Wie wollen Sie

- neue Märkte erobern und Kosten reduzieren?
- immer höhere Qualitätsanforderungen erfüllen und gleichzeitig die Produktentwicklungszeiten verkürzen?

2. Unternehmensvision

Wenn Sie sich über die Zukunft Ihres Unternehmens Gedanken machen wollen, müssen Sie analysieren, wo Sie jetzt stehen und wie Sie dorthin gelangt sind, und Sie müssen bestimmen, wo Sie in der Zukunft sein wollen und wie Sie dorthin kommen wollen. Zu diesem Zweck müssen Sie sich bewusst machen, worin die besonderen Qualitäten Ihres Unternehmens liegen, und wie es seine Fähigkeiten und Ressourcen am effektivsten einsetzen kann.
Formulieren Sie eine klare Zukunftsvision, die sowohl das Ziel als auch einen Rahmen für Planung, Etappenzielsetzung, Entscheidungsfindung und Aktion beschreibt.

3. Grenzen des Downsizings

Versuchen Sie objektiv zu analysieren, wohin Sie durch Downsizing gelangen: Schlanker bedeutet nicht notwendigerweise fitter. Sie müssen neue Arbeitsweisen erfinden, anstatt lediglich die Belegschaft zu reduzieren und darauf zu warten, dass andere die Lücke füllen. Ein Downsizing sollte die Effizienz erhöhen, und zwar erst, nachdem in einer Reengineering-Initiative die Arbeitsprozesse und Möglichkeiten der verfügbaren Technologien sorgfältig analysiert wurden.

4. Unternehmensstruktur

Feste, hierarchische Strukturen reagieren nur träge auf sich schnell verändernde Märkte. Entwerfen Sie stattdessen flexible Strukturen, die sich ergebende Chancen besser nutzen können, indem sie es ermöglichen, Ressourcen je nach Bedarf intern oder extern flexibel zu beschaffen.

Durchführung

1. Kommunikationsrevolution

Je billiger und leistungsfähiger Hardware und Software werden, und je mehr die Beschäftigten über einschlägige Computerkenntnisse verfügen, desto leichter wird es für Unternehmen, von der Informationstechnologie Gebrauch zu machen. Die Verbindung von Computertechnik und Telekommunikation hat zu einer explosionsartigen Zunahme des Datenaustauschs über weite Entfernungen geführt. Machen Sie sich diese Revolution zunutze, indem Sie

- E-Mail als billige Alternative zu Brief, Fax und Telefon einsetzen;
- von der Computer-Telefon-Integration (CTI) Gebrauch machen, die es erlaubt, einen Anrufer zu identifizieren und seine Daten auf den Computerbildschirm zu spielen, bevor oder während der Anruf angenommen wird;
- Notebook-Computer anschaffen, damit Ihre Mitarbeiter mobiler werden. Mit einem Notebook kann jeder sein Büro an jeden beliebigen Ort mitnehmen.

2. Neue Arbeitsweisen

Erwägen Sie diverse Flexibilitätsoptionen, die sowohl dem Arbeitgeber als auch dem Arbeitnehmer die Entscheidung überlassen, wo und wie Arbeit verrichtet wird. Zu diesen Optionen gehören:

- E-Mail – schafft für Beschäftigte die Voraussetzung, um an verschiedenen Standorten zusammenzuarbeiten;
- Groupware – ermöglicht die Teilnahme an Bildschirmdiskussionen bei gleichzeitigem Zugriff auf einen gemeinsamen unternehmensweiten Informationspool;
- Videokonferenz – verbindet Mitarbeiter über beliebige Entfernungen mittels Audio- und Videoschaltungen;
- Telearbeit – verbindet zu Hause arbeitende Beschäftigte mit dem Computernetz des Unternehmens;
- Hot Desking – bietet mobilen Beschäftigten Büroraum aus einem Vorrat an nicht fest zugewiesenen Arbeitsplätzen;
- Hotelling – bietet mobilen Beschäftigten Büroraum, den diese im Voraus buchen können.

Sie müssen alte Werte und Vorstellungen aufgeben, zum Beispiel diese: dass Beschäftigte in ihr Büro kommen müssen, dass man jemandem, der »ungesehen« arbeitet, nicht trauen kann, oder dass Entfernung ein Kommunikationshindernis darstellt.

Führen Sie eine Kosten-Nutzen-Analyse durch. Die zusätzlichen Einrichtungskosten sind möglicherweise verschwindend gegenüber den potenziellen Einsparungen bei den Gemeinkosten wie Mieten und Reisekosten.

3. Outsourcing

Überlegen Sie, ob Sie Ihre Wettbewerbsfähigkeit möglicherweise durch Outsourcing (Auslagerung) verbessern können. Eine Analyse der Kernkompetenzen Ihres Unternehmens wird Ihnen helfen, auslagerungsfähige Unterstützungsaktivitäten zu identifizieren: Sie haben vielleicht mit Reinigungs- und Bewirtungsdienstleistungen schon den Anfang gemacht und beschließen, Schulung und IT-Dienstleistungen ebenfalls auszulagern. Bedenken Sie zuvor jedoch neben den Vorteilen auch die eventuellen Nachteile eines Outsourcings.

4. Partnerschaften und Allianzen

Virtuelle Unternehmen können sich auf zweierlei Weise über die Grenzen eines traditionellen Unternehmens hinaus ausdehnen:

- über strategische Partnerschaften und Allianzen,
- über ein temporäres Netz unabhängiger Unternehmen, die Ressourcen, Fähigkeiten und Kosten gemeinsam tragen, um bestimmte Marktchancen zu nutzen.

Die Suche nach dem richtigen Partner ist nicht so einfach, wie es scheinen mag. Berücksichtigen Sie folgende Faktoren:

- aufeinander abgestimmte Kompetenzen,
- gemeinsame Wertvorstellungen,
- gegenseitiges Vertrauen hinsichtlich der Einhaltung getroffener Vereinbarungen,
- geteilte Zuständigkeit für Vermarktungsstrategien,
- gemeinschaftliche Projektfinanzierung.

5. Informationssysteme

Datenbanksysteme können und sollten mehr leisten, als nur Informationen zu speichern, zu verarbeiten, zu sortieren und auszugeben. Sie lassen sich mit anderen Systemen wie CTI und dem Internet kombinieren, um auf diese Weise einen erweiterten Kundenservice anbieten zu können. Erkundigen Sie sich, was technisch möglich ist, entscheiden Sie, was Sie erreichen wollen, und richten Sie ein System ein, das den Wünschen Ihrer Kunden gerecht wird. Sie müssen nicht länger im Büro sitzen, um einen erstklassigen Kundenservice zu bieten – Sie können jederzeit auf die Informationstechnologie zugreifen.

6. Menschliche Implikationen

Machen Sie sich Gedanken über die instinktiven menschlichen Reaktionen auf Veränderungen und das Interesse, das Ihre Mitarbeiter am Fortbestand des Status quo haben. Die Beschäftigten mögen das (begründete) Gefühl haben, dass die virtuelle Arbeitsweise die sozialen Aspekte der Arbeit, die sie schätzen, bedroht, während die Manager (ebenfalls nicht grundlos) fürchten, die Kontrolle über die Arbeitskräfte zu verlieren, die sie nicht direkt vor Augen haben. Sowohl das Unternehmen als auch seine Beschäftigten müssen von alten Vorstellungen Abschied nehmen.

Solche Veränderungen lassen sich jedoch nicht über Nacht verwirklichen. Sehen Sie sich nach anderen Unternehmen um, die die Virtualität erfolgreich implementiert haben, und versuchen Sie, aus deren Erfahrungen zu lernen.

Empfehlungen und Warnungen

- Fragen Sie sich, wo Ihr Unternehmen in fünf Jahren stehen wird.
- Machen Sie sich Gedanken über die Auswirkungen von Informationstechnologie und Telekommunikation auf Ihren Unternehmensbetrieb.
- Beobachten Sie Ihre Wettbewerber.
- Schätzen Sie die Kosten für den Einsatz von Informationstechnologie und Telekommunikation in Ihrem Unternehmen ab.
- Rechnen Sie mit echtem Vertrauen zwischen Kollegen, Mitarbeitern und Partnern.
- Berücksichtigen Sie, dass alles seine Zeit braucht.
- Vergessen Sie feste Strukturen.
- Unterschätzen Sie nicht die Fallstricke, die mit der Veränderung traditioneller Arbeitsweisen verbunden sind.

Literaturhinweise

- Alexander, Marcus: »Getting to Grips with the Virtual Organization«, in: *Long Range Planning* 30:1 (Februar 1997), S. 122 ff.
- Barnatt, Christopher: »Office Space, Cyberspace and Virtual Organization«, in: *Journal of General Management* 20:4 (Sommer 1995), S. 79–91.
- Cohen, Sachs: »On Becoming Virtual«, in: *Training and Development USA* 51:5 (Mai 1997), S. 30–37.
- Hale, Richard/Peter Whitlam: *Towards the Virtual Organisation*, London 1997.
- Handy, Charles: »Trust and the Virtual Organization«, in: *Harvard Business Review* 73:3 (Mai/Juni 1990), S. 79–91.
- Hedberg, Bo et al.: *Virtual Organisations and Beyond. Discover Imaginary Systems*, Chichester 1997.
- Heimburg, York von/Gerd F. Radisch.: *Virtuelle Teams erfolgreich führen. Ein Team, eine Aufgabe, verschiedene Standorte*, Landsberg/Lech 2001.
- Lipnack, Jessica/Jeffrey Stamps: *Virtuelle Teams. Projekte ohne Grenzen. Teambildung, virtuelle Orte, intelligentes Arbeiten, Vertrauen in Teams*, Frankfurt/Wien 1998.

Wertsteigerungsanalyse

Zusammenfassung

Die Wertsteigerungsanalyse (Shareholder-Value-Analyse) ist eine von zahlreichen Methoden, mit denen klassische Messverfahren ersetzt werden. Die Wertsteigerungsanalyse berechnet den Wert eines Unternehmens anhand der Rendite, die es seinen Anteilseignern einbringt; sie basiert auf der Vorstellung, dass das Ziel der Unternehmensführung darin bestehen sollte, das Vermögen der Anteilseigner zu maximieren. Diese Checkliste stellt die für eine Wertsteigerungsanalyse erforderlichen finanziellen Berechnungsformeln vor und berät bezüglich ihrer Implementierung.

In den letzten Jahren gerieten die traditionellen Methoden zur Berechnung des Unternehmenswertes unter Kritik, und zwar wegen ihrer Tendenz, einen zu kurzen Zeitraum zu berücksichtigen oder lediglich das bereits vergangene Geschehen zu messen. Geschäftsentscheidungen, die sich ausschließlich auf die traditionellen Wertberechnungsmethoden wie beispielsweise Gewinn je Aktie, Gewinnwachstum oder Eigenkapitalrendite stützen, gelten deshalb zunehmend als problematisch. Die Wertsteigerungsanalyse berücksichtigt einen größeren zeitlichen Kontext und konzentriert sich auf die Messung und Steuerung des Cashflows im Verhältnis zur Zeit.

Definition

Die Wertsteigerungsanalyse ist eine finanzielle Analysemethode, die den Shareholder-Value misst, indem sie den Gesamtnettowert des Unternehmens auf der Grundlage des gegenwärtigen und zukünftigen Cashflows abschätzt und diese Zahl durch den Wert seiner Aktien teilt. Die resultierende Zahl bezeichnet den Wert des Unternehmens für die Anteilseigner. Das allen Shareholder-Value-Konzepten zugrundeliegende Prinzip besagt, dass ein Unternehmen nur dann den Wert für seine Anteilseigner steigert, wenn die Eigenkapitalrendite höher ist als die Eigenkapitalkosten. Sobald der Wert berechnet wurde, können Verbesserungsziele festgelegt und der Shareholder-Value als Indikator für das Leistungsmanagement verwendet werden.

Vorteile

Die Wertsteigerungsanalyse

- erlaubt es, strategische Entscheidungen auf der Basis einer langfristigen finanziellen Einschätzung zu treffen;
- bietet einen universellen Ansatz, der nicht von unterschiedlichen Buchhaltungsgepflogenheiten abhängt. Sie lässt sich deshalb international und bereichsübergreifend anwenden;
- zwingt das Unternehmen, sich auf die Zukunft und seine Kunden und insbesondere auf den Wert zukünftiger Cashflows zu konzentrieren.

Traditionellere Indikatoren stützen sich auf die Kosten und haben wenig mit dem in einem bestimmten Zeitraum erzeugten ökonomischen Einkommen zu tun.

Nachteile

- Eine wichtige Komponente der Wertsteigerungsanalyse, die akkurate Schätzung zukünftiger Cashflows, kann sich als extrem schwierig erweisen. Ungenaue Prognosen führen dazu, dass strategische Entscheidungen auf falschen oder irreführenden Zahlen basieren.
- Die Entwicklung und Implementierung einer Wertsteigerungsanalyse kann ein langer und komplexer Prozess sein.
- Es kann schwierig sein, Managern den Ansatz der Wertsteigerungsanalyse zu vermitteln.
- Der Shareholder-Value erfordert umfangreichere Informationen als traditionelle Messverfahren.

Aktionsplan

1. Berechnung des Shareholder-Value

Um den Shareholder-Value als maßgebliches finanzielles Zielkriterium verwenden zu können, müssen Sie seine Implikationen verstehen und den besten Ansatz für Ihr Unternehmen kennen. Es kann hilfreich sein, diesen Ansatz zuerst mit professionellen Ratgebern zu planen, wie

beispielsweise Wirtschaftsprüfern oder Unternehmensberatern, die sich auf dieses Feld spezialisiert haben.
Der Wert eines Unternehmens für seine Anteilseigner berechnet sich aus der Differenz des Gesamtwerts des Unternehmens und dem Marktwert sämtlicher Schulden, die auf dem Unternehmen lasten.
Der Gesamtunternehmenswert hat drei Komponenten:

- Gegenwartswert der zukünftigen Cashflows im Planungszeitraum;
- Restwert der zukünftigen Cashflows nach dem Planungszeitraum;
- durchschnittliche gewichtete Kapitalkosten.

Folgende Gleichung bringt dies zum Ausdruck:
Gesamtunternehmenswert = (Gegenwartswert der zukünftigen Cashflows + Restwert der zukünftigen Cashflows) ÷ Durchschnittliche gewichtete Kapitalkosten
Wenn das Ergebnis dieser Gleichung größer als eins ist, dann ist das Unternehmen mehr wert als das investierte Kapital, und es wird Wert geschaffen.

Zukünftige Cashflows
Die zukünftigen Cashflows hängen von Wachstum, Renditen und Risiko ab. Gemäß Alfred Rappaport in seinem Buch *Shareholder Value* lassen sich diese Faktoren durch sieben zentrale Werttreiber erklären, die so gemanagt werden müssen, dass der Shareholder-Value maximiert wird: Umsatzwachstumsrate, Betriebsgewinnmarge, Einkommenssteuersatz, Betriebskapitalinvestitionen, Anlageinvestitionen, Kapitalkosten und Wertwachstumsdauer.

Restwert
Der Restwert – der Preis, zu dem ein fester Vermögenswert zum Ende seiner Nutzungsdauer vermutlich veräußert wird – ist eine wichtige Zahl, sie bezeichnet die Cashflows, die nach dem normalen Planungszeitraum entstehen werden. Man schätzt, dass zwei Drittel des Werts eines Unternehmens auf Cashflows zurückzuführen sind, die nach der normalen Planungsperiode (in der Regel fünf bis zehn Jahre) auftreten. Anders gesagt, nur ein Drittel des Werts eines Unternehmens resultiert aus Cashflows, die während der normalen Planungsperiode auftreten.

Durchschnittliche gewichtete Kapitalkosten (*Weighted Average Cost of Capital*)
Die durchschnittlichen gewichteten Kapitalkosten addieren sich aus den Eigenkapitalkosten und den Fremdkapitalkosten. Sie repräsentieren die Rendite, die ein Unternehmen erwirtschaften muss, um die eingesetzten finanziellen Ressourcen zu rechtfertigen; sie stehen somit für die Opportunitätskosten des eingesetzten Vermögens. Sie hängen vollständig vom Markt ab – wenn das Vermögen nicht die erforderliche Rendite erwirtschaftet, ziehen die Investoren ihr Kapital aus dem Unternehmen ab.

2. Unterstützung des Topmanagements

Der Wertsteigerungsanalyse liegt die Vorstellung zugrunde, dass die Erzeugung und Maximierung des Shareholder-Value den wichtigsten Indikator der Unternehmensleistung darstellt. Die Unternehmensspitze muss sich diesem Ziel verschreiben, wenn der Ansatz der Wertsteigerungsanalyse Erfolg haben soll. Die Führungsetage muss zudem einsehen, dass traditionelle Messwerte und Ansätze nicht geeignet sind, um dieses Ziel zu erreichen.

3. Werttreiber und Ziele

Um den Shareholder-Value zu steigern, müssen Sie die Cashflows maximieren. Dazu müssen Sie die zentralen Werttreiber des Unternehmens identifizieren (die sieben Werttreiber wurden oben unter Punkt 1 genannt). So hängen beispielsweise Verbesserungen der Betriebsgewinnmarge von Umsatz und Ausgaben ab; diese wiederum basieren auf zahlreichen weiteren Faktoren (wie etwa Vertrieb, Marketing und Verkauf), die selbst wieder anderen Einflüssen unterliegen.
Diese Analyse der Werttreiber verbindet finanzielle und betriebliche Ziele und liefert eine Basis, um

- Leistungsziele festzulegen;
- den einzelnen Managern Zuständigkeiten zuzuweisen;
- die finanzielle Leistung des Unternehmens zu begutachten (und mit derjenigen anderer Unternehmen zu vergleichen);
- Strategiepläne zu entwickeln. Sie können die Wertsteigerungsanalyse verwenden, um die durch die einzelnen Strategien erzeugten Zuwächse im Shareholder-Value zu messen, indem Sie die Differenz

zwischen dem Gegenwartswert zukünftiger Cashflows vor und nach ihrer Implementierung berechnen.

Die Identifizierung der Schlüsselfaktoren, welche die einzelnen Werttreiber beeinflussen, ist ein Prozess, der notgedrungen dem Gesetz des *Trial and Error* unterliegt. Er bildet jedoch die Grundlage für Management, Controlling und das Erreichen von Unternehmensverbesserungen, die zu verbesserten Cashflows führen.

4. Kommunikation und Schulung

Manager müssen, insbesondere, wenn sie potenzielle Projekte zu bewerten haben, das allgemeine Konzept der *Shareholder-Value*-Erzeugung verstehen; mit den technischen Details der Wertsteigerungsanalyse jedoch werden sie kaum zu tun haben. Sie sollten stattdessen wissen, wie man die Werttreiber und die sie beeinflussenden Faktoren identifiziert, kontrolliert und ihre Leistung verbessert.

Die Einführung der Wertsteigerungsanalyse und die Festlegung neuer Ziele werden wahrscheinlich die Gewohnheiten der Manager auf die Probe stellen und deshalb auf Widerstand stoßen. Sie müssen ihre früheren Ansätze überprüfen und diese gegebenenfalls zugunsten neuer Ziele aufgeben.

Die Fokussierung auf den Shareholder-Value stellt im Prinzip einen Veränderungsprozess dar, der die gründliche Schulung der Linienmanager (die stets die wichtigsten Betriebsentscheidungen treffen) dringend erforderlich macht.

Bei der Implementierung des Konzepts der Wertsteigerungsanalyse ist es zudem wichtig, dass frühzeitig deutliche Erfolge erzielt werden. Wie bei jedem Veränderungsprozess demonstrieren frühe Erfolge den Wert des neuen Ansatzes, indem sie seinen Nutzen herausstreichen und Zweifler eines Besseren belehren.

5. Informationssysteme

Die finanziellen Berichts- und Informationssysteme müssen in der Regel überarbeitet werden, wenn die Wertsteigerungsanalyse implementiert wird. Konventionelle Berichtssysteme sind zumeist nicht in der Lage, alle benötigten Informationen bereitzustellen oder in einem effektiven Format zu präsentieren. Die Implementierung der Wertsteigerungsanalyse verlangt von den Managern, regelmäßig Informationen über die wichtigsten Werttreiber und Ziele des Unternehmens zu messen und zu beobachten.

6. Finanzielle Anreizsysteme

Überprüfen Sie Ihre Anreizsysteme für Manager und gestalten Sie diese so, dass eben jene Leistung bewertet wird, die den *Shareholder-Value* erhöht. Die Anreize für die Topmanager sollten die Notwendigkeit widerspiegeln, den Shareholder-Value über realistische Zeiträume zu steigern, anstatt lediglich kurzfristiges Gewinnwachstum oder den Gewinn je Aktie anzustreben.
Anreize und Boni für Linienmanager sollten sich danach richten, wie erfolgreich sie die von ihnen kontrollierten Werttreiber zu beeinflussen verstehen.

7. Beobachtung und Überprüfung

Die Erzeugung nachhaltigen Wertes erfordert es, die Ziele je nach veränderten Umständen kontinuierlich zu beobachten und neu zu definieren. Leistungsbeurteilungen, Managementbesprechungen und wichtige Entscheidungen sollten sich auf den bislang erreichten Fortschritt und die erforderlichen Schritte konzentrieren, um den *Shareholder-Value* weiter zu verbessern. Solange die Betonung nicht klar auf der Werterzeugung liegt, orientieren sich die Manager möglicherweise weiterhin an Zielen, die sich auf den langfristigen Unternehmenswert gar nicht oder sogar negativ auswirken.

Empfehlungen und Warnungen

- Analysieren Sie sorgfältig, was den Shareholder-Value in Ihrem Unternehmen steigern könnte – die Werttreiber und die sie beeinflussenden Faktoren.
- Unterrichten und schulen Sie die Linienmanager, damit diese in wichtigen Situationen die Prioritäten kennen und die richtigen Entscheidungen treffen können.
- Überprüfen Sie die internen Systeme und sorgen Sie dafür, dass diese Ihnen die für die Messung des Shareholder-Value benötigten Informationen zuverlässig liefern.
- Üben Sie sich in Geduld – die Fokussierung auf den Shareholder-Value erfordert Zeit. Einige Schätzungen gehen von durchschnittlich zwei Jahren aus.

- Machen Sie keine halben Sachen – die Einführung der Wertsteigerungsanalyse braucht Zeit, Energie und Entschlossenheit; unter Umständen müssen Sie Ihre gesamte Unternehmensführung verändern.
- Gehen Sie entschlossen vor – Sie müssen wissen, welche Verbesserungen Sie anstreben, und was dafür zu tun ist. Schreiten Sie dann zur Tat.

Denkanregungen

- Haben Sie sich für die Steigerung des Shareholder-Value realistische Ziele gesetzt?
- Haben Sie den Anteilseignern des Unternehmens den neuen Ansatz erklärt?
- Haben Sie Strategie, Verfahrensweisen und Prozesse des Unternehmens daraufhin untersucht, dass nichts der Einführung der Wertsteigerungsanalyse im Wege steht?

Literaturhinweise

- Allen, David: *Strategisches Finanzmanagement. Ein Handbuch zur Bewertung und Kontrolle von Finanzstrategien*, Wien 1996.
- Black, Andrew et al.: *Shareholder-Value für Manager. Konzepte und Methoden zur Steigerung des Unternehmenswertes*. Frankfurt/New York 1998.
- Grundy, A. N.: *Corporate Strategy and Finance Decisions*, London 1992.
- Rappaport, Alfred: *Shareholder-Value. Ein Handbuch für Manager und Investoren*, 2. Aufl., Stuttgart 1999.

Wiedereinstieg ins Arbeitsleben

Zusammenfassung

Diese Checkliste soll Frauen bei ihrem beruflichen Wiedereinstieg unterstützen.
Viele Frauen geben ihren Arbeitsplatz auf, um sich voll und ganz der Familie widmen zu können. Ändert sich jedoch die Familiensituation, merken sie, dass es ihnen für die Rückkehr ins Arbeitsleben an Selbstvertrauen mangelt oder dass ihre Qualifikationen nicht mehr gefragt sind. Mit dieser Checkliste können Sie solche Probleme Schritt für Schritt angehen.

Definition

Unter Berufsrückkehrerinnen sind alle Frauen zu verstehen, die nach einer größeren, arbeitsfreien Pause, welche im Normalfall der Betreuung der Kinder oder der Pflege älterer Angehöriger dient, ins Berufsleben – Vollzeit oder Teilzeit – zurückkehren. Berufsrückkehrerinnen sind unter Arbeitnehmerinnen die Norm. Frauen mit Familie, die ihre berufliche Laufbahn nie unterbrechen, stellen immer noch die Ausnahme dar.

Vorteile

- Finanzielle Unabhängigkeit
- Neue Chancen für eine Vertiefung der sozialen Kontakte und der beruflichen Qualifikationen

Nachteile

- Weniger Zeit für die Familie
- Zu Beginn: zusätzliche Ausgaben für angemessene Berufskleidung, Mobilität und so weiter.

Aktionsplan

1. Fähigkeiten und Fertigkeiten

Wenn Sie nach einer langen Pause in den Beruf zurückkehren möchten, sollten Sie sich zuerst überlegen, über welche Fähigkeiten, Fertigkeiten und Kenntnisse Sie verfügen. Einen Haushalt zu führen, erfordert ein gutes Zeit-, Projekt- und Finanzmanagement sowie Organisationstalent und Verhandlungsgeschick. Über diesen Erfahrungsreichtum verfügt nicht jeder. Vergessen Sie auch nicht alle Weiterbildungskurse, an denen Sie teilgenommen haben, oder ehrenamtliche Tätigkeiten, zum Beispiel in Schulen oder bei der Gemeinde. Fragen Sie Familienangehörige und Freunde – oft kennen diese Qualitäten an Ihnen, auf die Sie selbst nie gekommen wären, und ihre unterschiedlichen Erfahrungen am Arbeitsmarkt können sich für Sie als wertvoll erweisen. Auch im weiteren Verlauf der Jobsuche werden Sie die Unterstützung durch Freunde und Familie noch häufig in Anspruch nehmen.

2. Kompetenzenermittlung

Weisen Sie Ihre Fähigkeiten und Fertigkeiten verschiedenen Funktionsbereichen zu (zum Beispiel Personalmanagement oder Finanzplanung). Anhand dieser Funktionsbereiche können Sie möglichen Arbeitgebern gegenüber Ihre Kompetenzen betonen. Welche Ihrer Fähigkeiten üben Sie am liebsten aus? Vielleicht führt Sie diese Überlegung schon zu einer für Sie passenden Tätigkeit.

3. Schwächenanalyse

Wenn Sie durch das Ermitteln Ihrer Stärken genügend Selbstvertrauen aufgebaut haben – und keine Sekunde früher –, können Sie über Ihre Schwächen und Einschränkungen nachdenken (zum Beispiel Einschränkungen, die sich durch familiäre Verpflichtungen ergeben). Seien Sie ehrlich zu sich selbst, aber denken Sie positiv. Suchen Sie für jede erkannte Schwäche nach Möglichkeiten, diese zu beheben – beispielsweise durch Praxiserfahrungen oder Weiterbildung. Und denken Sie immer daran: Niemand ist perfekt – auch nicht im Berufsleben.

4. Chancen

Verknüpfen Sie Ihre Stärken mit möglichen Jobs. Seien Sie kreativ beim

Aufspüren von Chancen. Sind neue Unternehmen in Ihrem Bereich tätig, oder gibt es Unternehmen, die sich gerade verändern und in Ihrer Sparte aktiv werden? Nutzen Sie regionale Informationsquellen wie Bibliotheken, Firmenverzeichnisse und Arbeitsvermittlungen.

5. Hindernisse

Sobald Sie sich über die Chancen im Klaren sind, sollten Sie sich ganz realistisch mit möglichen Hindernissen beschäftigen. Dazu können mangelnde Mobilität, zu beaufsichtigende Kinder, Widerstand in der Familie oder fehlende Qualifikationen zählen. Arbeiten Sie diese Punkte durch und entwerfen Sie für jedes einzelne Hindernis eine Überwindungsstrategie. Sie müssen aber sicherlich auch akzeptieren, dass einige dieser Schranken unüberwindlich sind.

6. Ziele und Prioritäten

Setzen Sie sich klare Ziele, die Sie mit Ihrem beruflichen Wiedereinstieg erreichen wollen, und berücksichtigen Sie dabei Ihre eigenen Prioritäten anstatt die anderer. Ihre Ziele können sich auf den Verdienst, die Arbeitszeiten oder die Art der Beschäftigung beziehen. Seien Sie realistisch: Setzen Sie sich Ziele, die kurz- bis mittelfristig zu erreichen sind, und legen Sie die Latte anfangs nicht zu hoch.

7. Aktionsplan

Erstellen Sie nun eine Liste der Aktionen, die Sie unternehmen müssen, um Ihre Ziele zu erreichen. Die einzelnen Schritte sollten möglichst einfach sein, damit der Aktionsplan nicht abschreckend wirkt. Stellen Sie einen realistischen, aber dehnbaren Zeitplan auf. Ordnen Sie jeder Aufgabe einen Termin und die entsprechenden Kosten zu. Erstellen Sie einen Gesamtzeitplan und ein Budget und verfeinern Sie Ihren Aktionsplan so lange, bis er Ihnen umsetzbar erscheint.

8. Weiterbildungsbedarf

Sollten Sie Weiterbildungskurse belegen, um Ihre Ziele zu erreichen? Wäre es von Vorteil, wenn Sie an einer Fortbildungsmaßnahme teilnähmen? Erwägen Sie folgende Möglichkeiten:

- Orientierungskurse für Berufsrückkehrerinnen: ein kurzer Kurs, der Sie auf die Jobsuche vorbereitet. Dazu gehören üblicherweise Strategien für Bewerbungsgespräche und Hinweise zum Schreiben eines Lebenslaufs. Dieser Kurs eignet sich für Frauen, die in ihren frühe-ren Beruf zurückkehren möchten und denen nur noch etwas Zutrauen in ihre eigenen Fähigkeiten fehlt.

- Auffrischungskurse: Hierbei handelt es sich um eine erweiterte Version der Orientierungskurse. Im Normalfall werden hier Fertigkeiten und Kenntnisse, insbesondere Computerkenntnisse, auf den neuesten Stand gebracht.
- Berufliche Fortbildungsmaßnahmen, die zu einer Qualifikation führen: Dies ist eine zeitaufwändigere Alternative, die jedoch Ihre Chancen bei der Jobsuche deutlich verbessert.
- Weiterbildungskurse für den Erwerb neuer Kenntnisse oder Fertigkeiten: Mit solchen Kursen können Sie beruflich einen neuen Weg einschlagen.
- Existenzgründerkurse, die Ihnen den Sprung in die Selbstständigkeit erleichtern.

Eine eingehende Beratung, welche der genannten Optionen für Sie geeignet ist, erhalten Sie bei folgenden Stellen:

- Das örtliche Arbeitsamt informiert Sie über staatlich geförderte Fortbildungsmaßnahmen und andere Weiterbildungsprogramme für Bereiche, in denen es an qualifizierten Arbeitskräften mangelt.
- Industrie- und Handelskammer vor Ort (Kontakt bundesweit unter www.dihk.de): Dort berät man Sie über Weiterbildungsmöglichkeiten und führt auch Existenzgründungsberatungen durch.
- Das Bundesministerium für Familie, Senioren, Frauen und Jugend (www.bmfsfj.de) bietet Ihnen vielfältige Informationen zu allen Fragen rund um den Wiedereinstieg und die Fort- und Weiterbildung von Frauen.

9. Trockenübung

Wenn Sie längere Zeit nicht berufstätig waren, sollten Sie sich durch eine ehrenamtliche Tätigkeit auf den Wiedereinstieg vorbereiten. Verhalten Sie sich so, als ob es sich um eine bezahlte Anstellung handeln würde; lernen Sie aus Ihren Fehlern und Erfahrungen, und gewöhnen Sie sich daran, unter zeitlichem Druck zu arbeiten.

10. Netzwerke
Überlegen Sie sich, ob Sie einem Netzwerk für Berufsrückkehrerinnen oder einer anderen Vereinigung berufstätiger Frauen beitreten. Hier können Sie Ihre Erfahrungen mit anderen teilen und neue Kontakte knüpfen. Dies kann besonders dann nützlich sein, wenn Sie vorhaben, sich selbstständig zu machen.

11. Lebenslauf
Erstellen Sie einen Lebenslauf, der Ihre Ausbildung und Ihre Qualifikationen, Ihre bisherige berufliche Laufbahn sowie relevante Fertigkeiten, Kenntnisse und Berufserfahrungen enthält. Bitten Sie Ihre Familie, Freunde oder einen Berufsberater um Hilfe bei der Perfektionierung des Entwurfs. Die endgültige Version Ihres Lebenslaufs sollte auch optisch überzeugen.

12. Stellensuche
Suchen Sie nach offenen Stellen – und nicht nur nach öffentlich ausgeschriebenen Stellenangeboten. Nutzen Sie dafür das örtliche Arbeitsamt, Stellenanzeigen in Zeitungen und anderen Medien, das Internet und die Gelben Seiten. Schicken Sie Ihren Lebenslauf mit einem Begleitschreiben an jeden potenziellen Arbeitgeber in Ihrer Region – Studien zeigen, dass 85 Prozent der Bewerber mit diesem Ansatz Erfolg haben.

13. Fragen an Ihren potenziellen Arbeitgeber
Konzentrieren Sie sich auf die Punkte, die für Sie wichtig sind, zum Beispiel:
- betriebseigene Kinderbetreuung;
- flexible Arbeitszeiten, die die Pflege älterer oder behinderter Angehöriger oder die Betreuung von Kindern ermöglichen;
- Fortbildungsmöglichkeiten für Ihre berufliche Entwicklung;
- Verdienstmöglichkeiten;
- Aufstiegsmöglichkeiten.

Empfehlungen und Warnungen
- Denken Sie positiv: Unternehmen Sie zuerst kleine Schritte, um Ihr Selbstvertrauen aufzubauen.

- Sichern Sie sich die Unterstützung Ihres Partners, Ihrer Familie und Freunde.
- Bauen Sie ein Netzwerk berufstätiger Frauen und Männer auf, die Sie beraten, sich bei Ihrem Arbeitgeber für Sie einsetzen oder Sie vielleicht sogar einstellen können.
- Nehmen Sie keinesfalls an umfassenden Umschulungs- oder Fortbildungsmaßnahmen teil, bevor Sie die regionale Arbeitsmarktsituation gründlich erforscht haben; selbst eine Weiterbildung in einem Bereich mit Arbeitskräftemangel garantiert Ihnen keinen Arbeitsplatz.
- Verkaufen Sie sich angesichts der wertvollen Erfahrungen, die Sie gesammelt haben, nicht unter Wert.
- Lassen Sie sich nicht zu schnell entmutigen; Durchhaltevermögen ist eine zusätzliche Fähigkeit, die sich auszahlt, wenn Sie Ihren Job gefunden haben.

Denkanregungen

- Wo sehen Sie sich selbst in zehn Jahren?
- Was ist für Sie das Wichtigste bei Ihrer Rückkehr ins Berufsleben? Kann der von Ihnen gewählte Weg das Gewünschte leisten?
- Welche Hindernisse stehen Ihnen im Weg? Erstellen Sie eine Liste.
- Wie können Sie diese Hindernisse überwinden?
- Was würden Sie tun, wenn Sie wüssten, dass Sie nicht scheitern könnten?

Literaturhinweise

- Bürger, Doris: *Neuer Start ins Berufsleben. Erfolgreiche Strategien für den Wiedereinstieg. Hilfe zur Selbsthilfe für Frauen*, Hamburg 1996.
- Figler, Howard: *The Complete Job Search Handbook. Everything You Need to Know to Get the Job You Really Want*, New York 1999.
- Longson, Sally: *Women Returning to Work. How to Work Out What You Want and Then Go Out and Get It*, Oxford 2000.
- Püttjer, Christian/Uwe Schnierda: *Wiedereinstieg für Frauen. Optimale Bewerbungsstrategien nach der Familienpause*, Frankfurt/New York 2001.

Workshop

Zusammenfassung

Diese Checkliste beschreibt die Planung und Durchführung eines Workshops.

Definition

Workshops sind nicht nur Sitzungen, Vorlesungen, Seminare oder Diskussionen, auch wenn sie Elemente all dieser Formen enthalten können. Es handelt sich im Prinzip um Zusammenkünfte, bei denen in einem informellen, kreativitätsfördernden Umfeld ein Problem gelöst oder ein Ziel erreicht werden soll. Workshops eignen sich zum Studium von Problemfeldern, die einer gründlicheren Analyse bedürfen, als dies in einer gewöhnlichen Sitzung erreicht werden kann; oder es geht dabei um Fragen, die Brainstorming und kreatives Denken erfordern. Workshops haben keinen Vorsitzenden oder Leiter im üblichen Sinne, sondern einen Facilitator, der für eine offene und gelöste Atmosphäre sorgt. Diese erleichtert es den Teilnehmern, sich aktiv zu beteiligen. Ein typischer Workshop hat vier bis zehn oder mehr Teilnehmer.

Ein Workshop kann somit ein Gruppenereignis, eine Lerngelegenheit oder eine Schulung sein, bei der die Teilnehmer gleichzeitig die wichtigsten Beitragenden sind oder voneinander lernen. In einem Workshop sind die Erfahrungen der Teilnehmer wichtiger als die Kenntnisse des Facilitators.

Vorteile

Workshops sind nützlich, um

- eine Gruppe für ein Ziel zu interessieren;
- die Teilnehmer zu maximaler Beteiligung anzuregen;
- die Teilnehmer bestmöglich zu beteiligen;
- in einem Brainstorming Ideen zu erzeugen;
- die richtigen Fragen und konstruktive Alternativen zu produzieren;
- einen groben Aktionsplan zu formulieren.

Nachteile

Workshops eignen sich nicht, um

- komplexe oder detaillierte Informationen zusammenzustellen oder zu analysieren;
- Fehler und Niederlagen zu untersuchen;
- endgültige Entscheidungen zu treffen.

Workshops funktionieren nicht, wenn einzelne Teilnehmer die Diskussion dominieren oder unfreiwillig anwesend sind.

Aktionsplan

1. Facilitator

Entscheiden Sie, ob der Facilitator aus dem Unternehmen kommen soll oder ein externer Leiter gewünscht wird. Interne Leute können zum Einsatz kommen, wenn das Thema nicht allzu strittig oder komplex ist und Sie einen Mitarbeiter haben, der als Facilitator Erfahrung hat. In allen anderen Fällen sollten Sie auf einen externen Facilitator zurückgreifen.

Der *Facilitator* sollte sich mit aktivitätsorientierter Gruppenarbeit auskennen und in der Lage sein,

- den Teilnehmern die erwarteten Ergebnisse und Ziele zu erläutern;
- klare Pläne und Taktiken zu formulieren, wie sich die Gruppe diesen annähern kann;
- die Teilnehmer zu Verfechtern des im Laufe des Workshops Erreichten zu machen.

2. Erwartete Resultate

Identifizieren Sie die Ziele des Workshops, die einzuhaltenden Fristen sowie entgegengesetzte Ideologien, die es zu versöhnen gilt. Achten Sie darauf, dass die Ziele messbar sind.

3. Teilnehmer

Jeder Teilnehmer muss in der Lage sein, einen wertvollen Beitrag zu leisten. Achten Sie auf eine geeignete Teilnehmerzusammensetzung und auf mögliche Konflikte.

4. Räumlichkeiten

Wählen Sie einen Ort, der die nötigen Voraussetzungen erfüllt; achten Sie auf grundsätzliche Details wie technische Ausrüstung, Raumgröße und Atmosphäre. Suchen Sie nach Räumlichkeiten, die eine flexible Workshop-Struktur unterstützen, und achten Sie auf zusätzliche Räume für die Arbeit in Teilgruppen. Wenn es darum geht, Abstand zu gewinnen und eine Sache neu zu durchdenken, sollten Sie sich für einen Ort außerhalb des Unternehmensgeländes entscheiden – die Teilnehmern haben einen freieren Kopf, wenn sie nicht ständig daran denken müssen, wie viel Arbeit ein paar Meter weiter auf sie wartet.

5. Ausstattung

Denken Sie an all die kleinen Dinge, die Ihnen zunächst trivial erscheinen mögen, die aber, wenn eine Sitzung in vollem Gange ist, äußerst hilfreich sein können, beispielsweise Klebstoff, Schere, Klebeband, Folien und funktionierende Stifte, Büroklammern, Hefter und so weiter Stellen Sie sicher, dass die Raumgestaltung Ihren Erfordernissen entspricht. Die Sitzanordnung kann sehr wohl Einfluss auf den Diskussionsverlauf haben.

6. Grundregeln

Besonders in Brainstorming-Sitzungen oder in Gruppen mit Teilnehmern verschiedener Unternehmensebenen schadet es nicht, elementare Verhaltensregeln zu formulieren, deren Zahl jedoch beschränkt bleiben sollte – zu viele Regeln könnten die freie Diskussion behindern.

7. Vorbereitung

Möglicherweise möchten Sie bereits im Vorfeld des Workshops bestimmte Aufgaben stellen; Sie sollten jedoch die Vorab-Informationen minimieren, um nicht von der Gruppenaktivität abzulenken. Achten Sie auf vorgefasste Meinungen und Ängste, und bemühen Sie sich, diese zu zerstreuen.

8. Zeitrahmen

Workshops können je nach Thema von einem halben Tag bis zu zwei oder drei Tagen dauern. Gestalten Sie den Zeitplan flexibel und achten Sie auf ein ausgewogenes Verhältnis zwischen Plenarsitzungen und

Gruppenarbeit. Denken Sie stets an die den Teilnehmern abverlangte Konzentration. Versuchen Sie, eine Balance zwischen aktiven und passiven Sitzungen herzustellen. Behalten Sie die Übersicht, aber seien Sie flexibel, wenn einzelne Ereignisse nicht mit Ihrem Zeitplan harmonieren.
Lassen Sie ausreichend Zeit für Kaffee- oder Teepausen – die Teilnehmer brauchen Zeit, um neue Ideen zu verarbeiten und miteinander zu plaudern. Wenn sich der Workshop über mehr als einen Tag erstreckt, ist es häufig sinnvoll, den ersten Tag mit dem Mittagessen beginnen zu lassen, damit sich die Teilnehmer entspannen und miteinander bekannt machen können.

9. Eröffnung
Ein spontaner – aber angemessener – »Eisbrecher« kann helfen, die gewünschte Atmosphäre zu erzeugen und einen Einstieg zu finden. Nachdem das Eis gebrochen ist, sollten Sie den Zweck der Veranstaltung und ihren Ablauf vorstellen, damit sich alle zurechtfinden.

10. Spaßfaktor
Alle werden mehr vom Workshop haben, wenn er nebenbei auch Spaß macht.

11. Erfolgskontrolle
Der Erfolg eines Workshops bemisst sich nicht allein daran, ob die Teilnehmer eine erfreuliche und konstruktive Gruppenerfahrung gemacht haben. Er richtet sich vielmehr danach,

- ob die messbaren Ziele annäherungsweise oder ganz erreicht wurden;
- ob Veränderungen in den Denk-, Verhaltens- und Vorgehensweisen stattgefunden haben, stattfinden werden oder beschlossen wurden;
- welche weiteren Schritte aus dem Workshop resultieren.

Empfehlungen und Warnungen

- Erzeugen Sie eine zwanglose Atmosphäre.
- Konzentrieren Sie sich darauf, zur Gruppenarbeit anzuregen.
- Setzen Sie Aufgaben und Aktivitäten aufs Programm, die den Teilnehmern sinnvoll erscheinen.

- Erlauben Sie den Teilnehmern, ihre eigenen Probleme einzubringen.
- Machen Sie die Teilnehmer zu Verfechtern der gefundenen Lösungen und Empfehlungen.
- Formulieren Sie eine Zusammenfassung der erzielten Resultate.
- Legen Sie Zuständigkeiten fest und stimmen Sie das weitere Vorgehen ab.
- Lassen Sie die Veranstaltung nicht in die Belanglosigkeit abgleiten.
- Setzen Sie nicht den Gesamterfolg des Workshops wegen der Abwesenheit eines vorgesehenen Teilnehmers aufs Spiel.
- Fordern Sie die Aktivität der Teilnehmer heraus.
- Versuchen Sie nicht, die Gruppe zu dominieren oder mit Ihren Kenntnissen zu beeindrucken.
- Verbringen Sie nicht zu viel Zeit mit Vorträgen oder Präsentationen.
- Lassen Sie sich nicht auf zu viele Ablenkungsmanöver seitens der Teilnehmer ein.

Denkanregungen

- Haben Sie über die Routine hinausgehende
  - Fragen zu klären?
  - Alternativen zu entwickeln?
  - Taktiken zu testen?
  - Vorschläge zu prüfen?
  - Vorentscheidungen zu treffen?
  - Techniken zu studieren?
  - Fähigkeiten einzuüben?
- Haben Sie Mitarbeiter mit den entsprechenden Fähigkeiten, um die gewünschten Resultate zu erzielen?

Literaturhinweise

- Bourner, Tom/Vivien Martin/Phil Race: *Workshops That Work. One Hundred Ideas to Make Your Training Events More Effective*, London 1993.
- Jones, Ken: *Icebreakers. A Sourcebook of Games, Exercises and Simulations*, London 1991.
- Lusher, Brian: »Improving Working Relationships: Group Effectiveness Training«, in: *Journal of European Industrial Training* 14:5 (1990), S. 4–20.

Zeitmanagement

Zusammenfassung

Diese Checkliste richtet sich an Manager, die ihre Zeit effektiver nutzen und verwalten möchten.

Gutes Zeitmanagement war immer schon eine wichtige Fähigkeit, heute jedoch ist es unverzichtbar. Faktoren wie beispielsweise Unternehmensumstrukturierungen, zunehmende Veränderungsdynamik, Informationsflut und die Notwendigkeit, privates und berufliches Leben zu vereinbaren, zwingen Manager dazu, aus ihrem Arbeitstag mehr herauszuholen.

Definition

Zeitmanagement ist ein zentraler Aspekt des Selbstmanagements. Es geht darum, die Zeit im Sinne maximaler persönlicher Effektivität und Effizienz zu nutzen. Das erreichen Sie, indem Sie für die optimale Zeitnutzung einen Plan erstellen und diesen dann erfolgreich implementieren.

Vorteile

Ein effektives Zeitmanagement ermöglicht es Ihnen,

- die Kontrolle über Ihre Aktivitäten zu erlangen;
- Arbeit, Pausen und Freizeit miteinander zu vereinbaren;
- einen aktiven Managementstil zu entwickeln;
- Probleme schon im Anfangsstadium zu lösen, bevor sie in einem späteren Stadium nicht mehr zu bewältigen sind;
- Zeit für eine konstruktive persönliche Entwicklung einzubauen;
- Geld zu sparen, indem Sie effizienter arbeiten und mehr erreichen;
- wichtige Arbeiten fristgerecht zu erledigen und keine Zeit mit unwichtigen Dingen zu verschwenden;
- Zeit zum Zuhören zu haben;
- bei anderen gut anzukommen und sich von Kollegen abzuheben, die weniger gut organisiert sind;

- Druck und Stress zu reduzieren;
- rechtzeitig vom Büro aus den Heimweg anzutreten.

Aktionsplan

1. Bestandsaufnahme

Durchforsten Sie Ihr Tagebuch oder Ihr Protokollheft und stellen Sie fest, wie Sie Ihre Zeit verbringen. Protokollieren Sie, falls Sie es bis heute noch nicht gemacht haben, Ihre Aktivitäten über einen Zeitraum von zwei Wochen, und beobachten Sie, womit Sie Ihre Zeit verbringen. Fragen Sie sich:

- Wie viel von meiner Tätigkeit war das Ergebnis eines Plans und wie viel war ungeplant?
- Wie exakt war meine Planung – konnte ich die anstehenden Aufgaben in der veranschlagten Zeit erledigen?
- Wie viel Zeit ging für Routinetätigkeiten verloren, die hätten delegiert werden können?
- Wie häufig wurde ich in meiner Tätigkeit unterbrochen oder abgelenkt?
- Zu welcher Tageszeit habe ich am meisten zustande gebracht?

2. Problemfelder

Was verleitet Sie dazu, Ihre Zeit ineffizient zu nutzen? Zerlegen Sie das Problem in den »äußeren Feind« und den »inneren Feind«. Zum »äußeren Feind« gehören Faktoren, die außerhalb Ihrer unmittelbaren Kontrolle liegen, wie beispielsweise Fehler oder Ineffizienzen anderer Abteilungen, unerwartete Extraaufgaben und Beschwerden. Der »innere Feind« ist die persönliche Ineffizienz – ungenügende Planung, zu zögerliches Abwimmeln unerwünschter Anrufer und das Hinausschieben von Problemen und ungeliebten Tätigkeiten.

3. Ziele und Prioritäten

Um Ihre Zeit erfolgreich managen zu können, müssen Sie sicherstellen, dass Sie mit Ihrer Arbeitsplatzbeschreibung und dem Kanon der Tätigkeiten vertraut sind, die zu Ihrem Job gehören. Stimmen Sie Ihre genaue Rolle und Ihre Ziele sowohl mit Ihren Vorgesetzten als auch mit Ihren Untergebenen ab, damit jeder weiß, was von Ihnen erwartet wird, und halten Sie dies schriftlich fest, um sich jederzeit darauf berufen zu können.

4. Äußerer Feind

Wenn Sie das Gefühl haben, dass problematische Beziehungen, Beschwerden und Reaktionen auf Situationen, die Sie nicht kontrollieren, zu viel von Ihrer Zeit in Anspruch nehmen, sollten Sie diese Faktoren minimieren, indem Sie

- Vereinbarungen mit anderen Abteilungen treffen, in denen festgelegt ist, wie viel Service die einzelnen Abteilungen voneinander erwarten können, und indem Sie die Kommunikation zwischen den Abteilungen verbessern;
- die Beschwerdeverfahren überprüfen und gegebenenfalls ein effizienteres System einrichten;
- die Personalpolitik daraufhin untersuchen, ob sie Anlass zu zwischenmenschlichen Spannungen oder ineffizienten Arbeitsmethoden bietet;
- Kollegen bitten, schriftliche oder mündliche Berichte möglichst bündig abzufassen.

5. Innerer Feind

Machen Sie einen konstruktiveren Gebrauch von Ihrer Zeit, indem Sie sich darüber strukturiert Gedanken machen.

Planen

- Planen Sie Ihre Aktivitäten eine Woche im Voraus.
- Verbringen Sie jeden Morgen fünf Minuten mit der Durchsicht Ihrer Zeitplanung; nehmen Sie notwendige Korrekturen vor.
- Bauen Sie Reservezeit in Ihren Tagesablauf ein, damit Sie nicht ständig überziehen müssen.
- Halten Sie für den Notfall einen Alternativplan bereit – entscheiden Sie, welche Arbeiten nicht unbedingt erledigt werden müssen, wer einspringen könnte und wer benachrichtigt werden muss, falls Sie dadurch mit anderen Aktivitäten in Verzug kommen.
- Planen Sie neben der Arbeit auch Entspannungs- und Erholungsphasen ein.

Prioritäten setzen

- Gewichten Sie Arbeiten nach ihrer Dringlichkeit. Versuchen Sie, objektiv zu sein; vermeiden Sie die Vorzugsbehandlung von Aufgaben, die Sie gern verrichten, obwohl sie nicht dringlich sind.
- Lehnen Sie Aufgaben, die nicht in Ihre Zuständigkeit fallen, höflich aber entschieden ab.
- Setzen Sie sich klare Ziele, was Sie erreichen wollen, und teilen Sie Ihre Zeit entsprechend ein.

Delegieren

- Prüfen Sie, welche Aufgaben Sie delegieren können.
- Entscheiden Sie sorgfältig, an wen Sie delegieren. Ist der Betreffende in dem Bereich fachkundig und kompetent? Hat er die Zeit und die Bereitschaft, die Aufgabe zu übernehmen und ordentlich auszuführen? Könnte sich ein Dritter übergangen fühlen?
- Geben Sie klare Instruktionen, damit die Arbeit korrekt ausgeführt wird.
- Überlassen Sie Routineaufgaben Ihrem Sekretär – 15 Minuten, in denen Sie einem Sekretär die Verrichtung einer Routinetätigkeit erklären, können Ihnen im Laufe eines Jahres viele Stunden einsparen.
- Gewinnen Sie für Ihre Projekte Mitstreiter und verteilen Sie die Arbeitslast.
- Bringen Sie Ihren Mitarbeitern bei, wie sie ihre Zeit effektiv nutzen können.

Eigene Arbeitsweise überprüfen

- Legen Sie wichtige Tätigkeiten auf Tageszeiten, zu denen Sie am besten »funktionieren«.
- Zerlegen Sie komplexe Aufgaben in handliche Teile.
- Vermeiden Sie unerwünschte Unterbrechungen. Bitten Sie Ihren Sekretär gegebenenfalls, unerwünschte Anrufer nicht durchzustellen, arbeiten Sie irgendwo auswärts, oder hängen Sie einfach ein Schild »Bitte nicht stören« an Ihre Tür (stellen Sie sicher, dass Ihre Mitarbeiter wissen, was es bedeutet).
- Arbeiten Sie immer mal wieder einen Tag zu Hause, wenn dies gestattet ist und Sie dort ein ruhiges Umfeld haben.

- Sprechen Sie direkt mit Leuten, anstatt ihnen zu schreiben – dadurch erhalten Sie möglicherweise schneller eine Antwort und können schneller eine Entscheidung treffen.
- Vermeiden Sie, von einer Aufgabe zur nächsten zu springen. Konzentrieren Sie sich stets auf nur eine Sache.
- Legen Sie ähnliche Tätigkeiten zusammen.
- Machen Sie eine Pause oder wechseln Sie die Tätigkeit, wenn Sie müde sind oder eine Gedankenblockade haben.
- Führen Sie korrekte Aufzeichnungen und ein strukturiertes Ablagesystem, um keine Zeit mit der Suche nach Informationen oder dem erneuten Ordnen bereits sortierter Dokumente zu verlieren.
- Machen Sie von neuen Technologien Gebrauch, aber nur, wenn Sie damit wirklich Zeit sparen.
- Verringern Sie den Papierberg und vermeiden Sie unnötige Doppelarbeit.
- Achten Sie darauf, dass die Treffen, an denen Sie teilnehmen, wirklich notwendig sind, und dass Sie Ihre eigenen Veranstaltungen gut organisieren.
- Überprüfen Sie Ihre Pendel- und Reisegewohnheiten. Können Sie unnötige Reisen abkürzen oder streichen?

6. Zeit zum Spielen

Überlastung ist kontraproduktiv. Sie kann Stress und Unzufriedenheit erzeugen und die Zeiteffizienz zunichte machen, für die Sie so hart gearbeitet haben. Sie können sich noch so gut organisieren, ein Tag hat nicht mehr als 24 Stunden, von denen Sie einen angemessenen Anteil sich selbst widmen sollten. Scheuen Sie sich nicht, zehn Minuten für eine Teepause oder für eine Spaziergang im Park oder eine Stunde für den Besuch eines Fitnessstudios abzuzweigen. Versuchen Sie, zwischen beruflichem und privatem Leben eine gesunde Balance zu halten – planen Sie Zeit zum Spielen ein.

Empfehlungen und Warnungen

- Setzen Sie sich klare Ziele.
- Bestimmen Sie Ihre Prioritäten und überprüfen Sie diese von Zeit zu Zeit.
- Verwehren Sie sich höflich aber bestimmt dagegen, dass man Ihnen Ihre Zeit stiehlt.

- Stellen Sie sicher, dass Ihr Zeitplan effizient und gleichzeitig realistisch ist.
- Setzen Sie Geschäftigkeit nicht mit Effizienz gleich.
- Versuchen Sie nicht, mehr zu tun, als Sie bewältigen können.
- Verteilen Sie Ihre Zeit nicht danach, wo am lautesten geschrien wird.
- Betrachten Sie Ihre Pläne nicht als unverrückbar. Die Umstände und Situationen ändern sich, und Sie müssen sich darauf einstellen.
- Beziehen Sie das Thema Zeitmanagement nicht ausschließlich auf die Arbeitswelt. Es handelt sich um eine persönliche Frage, die Berufs- und Privatleben sowie die Balance zwischen beidem betrifft.

Denkanregungen

- Haben Sie das Gefühl, dass Sie Ihren Tagesablauf kontrollieren?
- Machen Sie sich einen Plan, was Sie am jeweiligen Tag erledigen wollen?
- Führen Sie nicht nur über Ihre Termine Buch, sondern auch über das, was dabei heraus kam?
- Drücken Sie sich vor Arbeiten, die sie ungern verrichten?
- Fühlen Sie sich durch Unterbrechungen und die unnötige Beanspruchung Ihrer Zeit gestört?
- Lassen Sie sich darauf ein, Dinge zu tun, die eigentlich andere erledigen müssten?
- Lässt man Sie häufiger warten? Lassen Sie andere warten?
- Leidet Ihr soziales und familiäres Leben unter dem beruflichen Druck und den langen Arbeitszeiten?
- Bleibt Ihnen genug Zeit für Sie selbst?

Literaturhinweise

- Forsyth, Patrick: *Erfolgreiches Zeitmanagement. Effektiver arbeiten, mehr erreichen*, Niedernhausen 1997.
- Scott, Martin: *More Time, Less Stress. The Definitive Guide to Successful Time Management*, London 1998.
- Scott, Martin: *Zeitgewinn durch Selbstmanagement. So kriegen Sie Ihre neuen Aufgaben in den Griff*, 2. Aufl., Frankfurt/New York 2001.

- Seiwert, Lothar J.: *Wenn Du es eilig hast, gehe langsam. Das neue Zeitmanagement in einer beschleunigten Welt*, Frankfurt/New York 1999.
- Treacy, Declan: *Successful Time Management in a Week*, Corby 1993.

Zielsetzung

Zusammenfassung

Diese Checkliste wendet sich an Manager, die an der Bestimmung der Unternehmensziele teilhaben und diese anschließend in ihren Funktionseinheiten oder Abteilungen interpretieren und anwenden müssen. Das beinhaltet auch die Ziele, welche die Mitarbeiter in ihrem Verantwortungsbereich direkt betreffen.

Definition

Um ein Ziel zu erreichen, müssen bestimmte Mühen und Ressourcen aufgewendet werden. Ein Ziel sollte konkret (allen Beteiligten verständlich), messbar und in der Regel mit bestimmten zeitlichen und finanziellen Rahmenbedingungen versehen sein.

Unternehmensziele zu setzen, bedeutet, die strategischen Erfordernisse eines Unternehmens zu klären und in Entsprechung dazu betriebliche Ziele festzulegen. Das ist ein integrierter Prozess, der die Unternehmensplanung mit dem Unternehmensbetrieb verbindet. Während die Ziele die Unternehmensebenen »abwärts durchlaufen«, werden sie in der Regel weiter konkretisiert. Jede Abteilung, jedes Team und jeder Mitarbeiter kann und sollte solche Ziele haben.

Anforderungen an die Ziele

Erfolgreiche Ziele müssen

- einen Zweck und einen Zuständigkeitsbereich benennen, wie beispielsweise die Leistungs- oder Serviceverbesserung;
- konkret und messbar sein;
- unter den gegebenen Bedingungen, was Zeit und Ressourcen betrifft, erreichbar, aber dennoch anspruchsvoll sein;
- zwecks Klarstellung und Bezugnahme schriftlich festgehalten sein;
- Gegenstand eines Diskussions- und Abstimmungsprozesses zwischen denjenigen sein, die die Ziele setzen, und denen, die anschließend darauf hinarbeiten müssen;
- die Zustimmung des Ausführenden haben – das ist nicht immer möglich, aber wünschenswert, weil die Identifizierung mit den Zielen das Engagement des Mitarbeiters fördert.

Vorteile

Ziele bewirken

- ein besseres Verständnis für die Unternehmensplanung auf der Betriebsebene,
- eine klare Richtungsvorstellung,
- ein besseres Verständnis der Verantwortungsverteilung im ganzen Unternehmen,
- Erleichterungen bei der Prioritätensetzung,
- eine verbesserte Kommunikation und Motivation.

Nachteile

Wenn Sie auf Ziele verzichten, riskieren Sie

- nicht zu wissen, wohin Sie gehen;
- niemals genau zu wissen, was Sie erreicht haben;
- nicht zu wissen, ob das, was Sie tun, mit langfristigeren Plänen und Zielen höherer Ordnung in Einklang steht;
- Verwirrung und Demoralisierung.

Aktionsplan

1. Mission-Statement/Vision-Statement

Mission-Statement und Vision-Statement werden häufig verwechselt.

Es ist durchaus möglich – und sogar wünschenswert –, Ziele zu haben, die sich auf beide Statements beziehen.
Das Mission-Statement beschreibt, zu welchem Zweck das Unternehmen existiert. Es liefert eine Rahmenvorstellung von den »stehenden« Zielen des Unternehmens.
Das Vision-Statement formuliert ein Fernziel, an dem sich das Unternehmen orientiert. Aus ihm leiten sich die »Veränderungsziele« des Unternehmens ab.
Beispielsweise:

- Der Zweck des Unternehmens besteht darin, qualitativ hochwertige Autos herzustellen (Mission).
- Wir sind bestrebt, bis zum Jahr 2010 der Autohersteller mit dem weltweit größten Umsatz zu werden (Vision).

Solche Statements sollten allen Beschäftigten, nicht nur den obersten Führungskräften, klar vermittelt und eingeschärft werden.

2. Ableitung der Unternehmensziele

Es ist wichtig, zwischen den Unternehmenszielen und Mission- und Vision-Statement einen Bezug herzustellen. Das ist in der Regel der Zweck des Strategieplans und die Aufgabe der Unternehmensspitze, wenngleich dieser Prozess im Rahmen des Empowerments zunehmend auf andere Unternehmensebenen verlagert wird.
Der Strategieplan wird auf der Grundlage dessen formuliert,

- was das Unternehmen erreichen und wo es sich gegenüber seinen Wettbewerbern am Markt positionieren will;
- wie es mit den richtigen Produkten und Dienstleistungen zum richtigen Zeitpunkt am richtigen Markt sein kann;
- wie ein anhaltendes und rentables Wachstum gewährleistet werden kann.

Die Formulierung des Strategieplans ist Gegenstand einer gesonderten Checkliste.
Viel hängt von den Werten des Unternehmens ab: Werte können im Rahmen der Festlegung hochrangiger Ziele durchaus in Frage gestellt und neu bestimmt werden, und umgekehrt – die Bestimmung neuer Ziele kann sehr wohl zu einer Neufestlegung der Werte führen. Die Werte des Unternehmens haben Einfluss darauf, welche Bedeutung es im Rahmen der Zielfestlegung den Fragen der Umwelt, dem Wohler-

gehen seiner Beschäftigten, der Arbeitsplatzsicherheit und seinem Image in der Öffentlichkeit zumisst.
In vielen Unternehmen ist die Zielbestimmung nach wie vor ein »von oben nach unten« verlaufender Prozess. In diesem Fall sollten die Ziele in einem Plan dargelegt und den Mitarbeitern vorgestellt werden.

3. Ziele für die Topmanager

Hierbei müssen die Unternehmensziele nach Funktionen, Geschäftseinheiten oder Produkten und Dienstleistungen aufgegliedert werden. Es wird nötig sein, die Ziele nach ihrer Priorität zu ordnen, Fristen für ihre Umsetzung zu bestimmen und die dafür erforderlichen Ressourcen zu benennen; im Anschluss daran kann dann die Betriebs- und Finanz-(Budget-)Planung für diese Funktion oder Geschäftseinheit durchgeführt werden.

4. Abgeleitete Ziele

Die Festlegung der Ziele für die Abteilungen und die einzelnen Mitarbeiter erfolgt entweder nur von oben nach unten, oder aber es findet zu zentralen Entscheidungen ein echter Dialog zwischen den Ebenen statt. Warten Sie nicht zu lange auf Vorgaben von oben; stellen Sie auf Abteilungsebene Ihre eigenen Ziele auf, welche die Mission des Unternehmens widerspiegeln und mit den Bedürfnissen Ihrer Kunden und der Kapazität Ihrer Ressourcen in Einklang stehen.

5. Abstimmung der Ziele

Die Festlegung der Ziele sollte nicht per Diktat oder Dekret erfolgen, es sollten vielmehr Ideen vorgeschlagen, diskutiert, verhandelt und miteinander abgestimmt werden. Das ist die Idealsituation. Das Mindeste, was ein Gespräch zwischen demjenigen, der die Ziele setzt, und demjenigen, der sie umzusetzen hat, ergeben sollte, ist eine Antwort auf Kiplings sechs »ehrliche Diener«: *Wer, Was, Wo, Wann, Warum* und *Wie?*

6. Leistungsindikatoren

Leistungsindikatoren messen den in Richtung der gesetzten Ziele gemachten Fortschritt. Die Leistungsindikatoren (die sich auf ganze Teams oder einzelne Mitarbeiter beziehen können) sollten aufzeigen, wie die Erwartung lautet und wie gut das Team oder der Mitarbeiter sie erfüllt. Leistungsindikatoren sollten klar, präzise, leicht zu ermitteln und zu interpretieren sowie aussagefähig sein, kurz: Sie liefern Ihnen Informationen, die Ihnen oder Ihrem Unternehmen etwas darüber erzählen, wie gut Ihre Leistung ist.

Leistungsindikatoren beziehen sich in der Regel auf folgende Größen:

- Effizienz (wie schnell Sie liefern),
- Effektivität (wie gut/exakt/relevant die Serviceleistung für den Kunden ist),
- Kosteneffizienz,
- Kosteneffektivität.

Sie basieren in der Regel auf Daten aus den Bereichen

- Finanzen – Ausgaben und Einnahmen,
- Kunden – Zugang und Abgang,
- Märkte – deren Durchdringung,
- Ressourcen – verbraucht, gespart, neu erworben,
- Prozesse – wie effizient und effektiv Aufgaben und Aktivitäten ausgeführt werden.

Auch die Leistungsindikatoren sollten zwischen dem Stelleninhaber und seinem Vorgesetzten abgestimmt und regelmäßig überprüft werden, insbesondere, wenn sich die Arbeitsinhalte signifikant ändern. Sie nützen sowohl dem Unternehmen als auch dem einzelnen Mitarbeiter im Hinblick auf seine persönliche Entwicklung. Die Manager müssen sich gegebenenfalls Zeit nehmen, um ihren Mitarbeitern die für die Abteilung geltenden Ziele zu erklären und auszulegen, und ihnen dabei helfen, ihren eigenen Beitrag zu den Unternehmenszielen auszuarbeiten.

7. Leistungskontrolle

Die Leistungskontrolle findet im Wesentlichen in den Leistungsbeurteilungsgesprächen statt. Hier wird die erbrachte Leistung bilanziert, werden Lernmöglichkeiten benannt und neue oder veränderte Ziele für die nächste Periode vereinbart.

Empfehlungen und Warnungen

- Formulieren Sie Ziele, die SMART sind: spezifisch, messbar, akzeptabel, realistisch, termin- und ressourcenbezogen.
- Setzen Sie Prioritäten, indem Sie zwischen dem, was getan werden muss, und dem, was wünschenswert wäre, unterscheiden.

- Beginnen Sie rechtzeitig mit der Überprüfung und Neubestimmung der Ziele.
- Beteiligen Sie am Diskussions- und Abstimmungsprozess zur Festlegung der Ziele auch diejenigen, die sie letztlich verwirklichen müssen.

Denkanregungen

- Stimmt das, was Sie tun, klar mit der Gesamtrichtung des Unternehmens überein?
- Haben Ihre Mitarbeiter klare Ziele, und werden diese am Arbeitsplatz mit Leben erfüllt?
- Wird die Verwirklichung der Ziele mittels geeigneter Indikatoren (Finanzen, Kunden, persönliche Entwicklung) überprüft?

Literaturhinweise

- Chartered Institute of Management Accountants: *From Corporate to Individual. The Objectives Cascade*, London 1994.
- Moores, Roger: *Managing for High Performance. A Practical Guide*, London 1994.
- Rouillard, Larrie A.: *Goals and Goal Setting. Planning to Succeed*, London 1993.
- Walters, Mike: *The Performance Management Handbook*, London 1995.

Sachregister

Die genannten Seitenzahlen bezeichnen die Seite, auf der der stichwortrelevante Artikel beginnt.